近岸人工沙坝
剖面形态演变规律
及其水沙运动机制研究

李元 张弛 ● 著

河海大学出版社
HOHAI UNIVERSITY PRESS
·南京·

图书在版编目(CIP)数据

近岸人工沙坝剖面形态演变规律及其水沙运动机制研究 / 李元，张弛著. —南京：河海大学出版社，2022.11

ISBN 978-7-5630-7662-8

Ⅰ. ①近… Ⅱ. ①李… ②张… Ⅲ. ①人工方式-沙坝-泥沙运动-研究 Ⅳ. ①TV142

中国版本图书馆 CIP 数据核字(2022)第 219888 号

书　　名	近岸人工沙坝剖面形态演变规律及其水沙运动机制研究 JIN'AN RENGONG SHABA POUMIAN XINGTAI YANBIAN GUILÜ JI QI SHUISHA YUNDONG JIZHI YANJIU
书　　号	ISBN 978-7-5630-7662-8
责任编辑	张心怡
责任校对	金　怡
封面设计	张世立
出版发行	河海大学出版社
地　　址	南京市西康路 1 号(邮编:210098)
电　　话	(025)83737852(总编室)　(025)83786934(编辑室)　(025)83722833(营销部)
经　　销	江苏省新华发行集团有限公司
排　　版	南京布克文化发展有限公司
印　　刷	苏州市古得堡数码印刷有限公司
开　　本	710 毫米×1000 毫米　1/16
印　　张	9
字　　数	170 千字
版　　次	2022 年 11 月第 1 版
印　　次	2022 年 11 月第 1 次印刷
定　　价	62.00 元

前言
Preface

近岸人工沙坝养滩是沙质海滩养护修复的重要手段之一，它指的是在潮下带海滩剖面上填沙形成人工沙坝，从而达到保护海岸的目的。人工沙坝养滩具有成本低、施工效率高、对自然景观和游客亲水体验影响小、长期养滩效果好等优点，是逐渐兴起的和极具发展潜力的软性人工养滩方式，在我国的沙质海岸保护修复工程中也开始逐渐得到关注和应用。人工沙坝的养滩功能主要体现在遮蔽效应和喂养效应，遮蔽效应即人工沙坝使波浪提前破碎从而减弱后方掩护区的波能和输沙能力，喂养效应指的是在自然波浪力的作用下人工沙坝向岸迁移填补岸滩。养滩工程能否达到预期效果很大程度上取决于遮蔽效应和喂养效应的发挥。开展波浪作用下人工沙坝剖面形态演变规律及其水沙运动机制研究可以为实际养滩工程提供科学依据，对丰富海岸地貌形态动力学研究也具有重要意义。

人工沙坝地貌形态演变是一个多因子驱动、多要素耦合和多时间尺度并存的复杂过程，与动力条件、地貌环境和泥沙特性等诸多因素相关。与天然海滩剖面相比，人工沙坝剖面演变规律与水沙运动机制要复杂得多，主要体现在三个方面：第一，在地貌层面上，人工沙坝会与天然地貌之间产生明显的耦合作用。人工沙坝养滩过程本质上是人工沙坝与天然地貌之间，通过水动力互馈和泥沙交换而发生相互作用并重新适应的过程。第二，在水动力层面上，由人工沙坝引起的地形突变主要体现在更陡的边坡、更浅的坝顶水深和更深的后方水深，这些局部地形扰动可与近岸波浪尺度在同一量级，会显著改变波浪的传播变形特性。第三，在泥沙输运层面上，人工沙坝演变受到不同时空尺度上波浪向岸输沙和底部离岸流输沙的耦合影响。不同设计参数的人工沙坝会导致剖面上泥沙运动规律的差异,进而影响人工沙坝的养滩效果。基于这些复杂的物理过程,针对近岸人工沙坝的剖面演变规律与水沙运动机制的研究尚未完善,需要提高对人工沙坝的水动力响应、输沙特性及其与天然地貌的形态耦合等科学问题的认识。

本书开展了近岸人工沙坝养滩的水槽试验,研究不同波浪条件下的人工沙坝剖面形态演变规律以及人工沙坝—滩肩之间的耦合机制,分析由人工沙坝引起的地形突变对波要素分布、波浪非线性演化和波能耗散的影响。采用实验数据验证海滩剖面演变数学模型并开展数值模拟试验,探讨人工沙坝演变过程中的输沙率时空变化特征以及不同喂养模式下的输沙特性。

本书的主要创新点可归纳如下:

(1) 揭示了风暴条件下人工沙坝剖面形态演变规律,发现了一定形态的人工沙坝在大浪作用下可引起局部向岸输沙和沙坝向岸迁移现象,有别于对风暴条件下海滩剖面离岸输沙的传统认识。

(2) 发现人工沙坝会引起滩肩风暴响应的时间滞后现象,提出考虑人工沙坝形态参数的破波相似系数,建立了人工沙坝与滩肩之间的剖面形态耦合关系式。

(3) 考虑了由人工沙坝引起的水深和坡度突变对波浪非线性演化的影响,建立了人工沙坝陡坡上的波浪速度不对称性和加速度不对称性与厄塞尔数和坡度的关系式。

(4) 提出了常浪作用下人工沙坝的"增长型"和"衰减型"两种喂养模式,发现底部离岸流增强人工沙坝向岸侧总输沙率变化梯度,对人工沙坝喂养模式有重要影响。

本研究得到了国家自然科学基金面上项目"近岸人工沙坝养滩的喂养效应研究"(51879096)和国家自然科学基金重点项目"潮汐影响下的海滩动力地貌风暴响应机制研究"(41930538)的大力支持,特此致谢。

目录
Contents

第一章 绪论 ·· 1
  1.1 背景与研究意义 ·· 1
  1.2 国内外研究进展 ·· 3
    1.2.1 人工沙坝地貌形态演变规律研究进展 ························· 3
    1.2.2 人工沙坝水动力泥沙运动特性研究进展 ····················· 8
    1.2.3 人工沙坝养滩数值模拟方法研究进展 ························ 11
  1.3 研究内容与技术路线 ·· 12

第二章 人工沙坝养滩物理模型实验 ·· 15
  2.1 实验概况 ·· 15
  2.2 实验仪器与测量方法 ·· 16
  2.3 实验步骤 ·· 18
  2.4 风暴条件下的实验设计 ·· 19
    2.4.1 反射型剖面上人工沙坝设计参数 ····························· 20
    2.4.2 过渡型剖面上人工沙坝设计参数 ····························· 21
  2.5 常浪条件下的实验设计 ·· 21
  2.6 比尺关系探讨 ··· 22
  2.7 本章小结 ·· 23

第三章 波浪作用下人工沙坝剖面形态演变规律 ·········· 24
3.1 风暴条件下人工沙坝剖面形态演变规律 ·········· 24
3.1.1 人工沙坝剖面形态变化 ·········· 24
3.1.2 人工沙坝影响下的海滩剖面演变 ·········· 31
3.1.3 人工沙坝与滩肩的地貌耦合作用 ·········· 38
3.2 常浪条件下人工沙坝地貌形态演变规律 ·········· 43
3.2.1 人工沙坝剖面形态演变及喂养效应分析 ·········· 43
3.2.2 人工沙坝影响下的海滩剖面演变 ·········· 51
3.3 本章小结 ·········· 55

第四章 人工沙坝对波浪传播变形特性的影响机制 ·········· 56
4.1 波要素分布规律 ·········· 56
4.1.1 波能谱演变特性 ·········· 56
4.1.2 波高及波浪非线性参数分布规律 ·········· 59
4.2 波浪非线性演化机制 ·········· 70
4.2.1 波浪非线性参数化研究 ·········· 70
4.2.2 三波相互作用分析 ·········· 76
4.3 破碎波能耗散 ·········· 79
4.3.1 参数化波能耗散模型精度评估 ·········· 79
4.3.2 波能耗散与沙坝、滩肩形态的对应关系 ·········· 91
4.4 本章小结 ·········· 93

第五章 人工沙坝演变过程中的输沙机制模拟分析 ·········· 95
5.1 海滩剖面演变数学模型 CROSPE ·········· 95
5.1.1 波浪与水滚模块 ·········· 96
5.1.2 波生流模块 ·········· 97
5.1.3 泥沙运动模块 ·········· 98
5.1.4 地形剖面演变模块 ·········· 100
5.2 人工沙坝海岸上输沙率时空变化特性 ·········· 100
5.2.1 常浪条件下人工沙坝输沙规律 ·········· 100
5.2.2 风暴条件下人工沙坝输沙规律 ·········· 107
5.3 不同喂养模式下的输沙特性分析 ·········· 112

  5.3.1 数学模型校核 ·· 112
  5.3.2 底部离岸流对喂养模式的影响 ························· 113
 5.4 本章小结 ··· 115

第六章 结论与展望 ·· 117
 6.1 主要结论 ··· 117
 6.2 研究展望 ··· 118

参考文献 ·· 120

第一章
绪　论

1.1　背景与研究意义

海岸带是世界上人口最密集、经济最活跃、资源最丰富的地区。为了应对由气候变化和人类活动造成的海岸带生态环境退化与海岸侵蚀等问题,海岸带保护修复工程已成为解决当前海岸环境问题的一项重点工作[1]。沙滩养护是海岸带保护修复工程最重要的建设内容之一。随着海洋生态文明建设的不断推进,对沙质海岸的整体保护、系统修复、综合治理和对海滩养护修复的关键技术与新型工法的需求日益提升。

人工养滩是海岸带保护修复工程中的一种重要手段,通过将补给泥沙吹填在海滩上,达到拓宽干滩或缓解侵蚀的目的。人工养滩工程实践自20世纪初开始兴起,1950—1980年在葡萄牙、德国等欧洲国家得到了大规模的开展[2,3]。我国的人工养滩工程实践起步较晚,直到20世纪末才引入"软防护"的概念[4,5]。考虑到人工构筑物给自然环境带来的影响,对海岸的整治修复应当遵循"能软则软,需硬则硬"的指导原则,提倡多保留自然海岸,尽可能减少硬防护工程(如丁坝、防波堤、拦沙堤等)的干预。比起传统工程构筑物的硬防护措施,人工养滩具有良好的环境亲和性,目前已成为世界各国最青睐的"软性"海岸防护手段[2,6-10]。近年来,海岸软防护的理念在我国沙质海岸整治修复中也开始逐渐得到关注和应用,例如秦皇岛海岸和日照海岸等[11-15]。

人工养滩可以分为传统的滩肩/剖面补沙养滩、近岸人工沙坝养滩和一些大型的养滩工程,其中近岸人工沙坝养滩指的是将相似粒径的泥沙抛填在平均大潮低潮位以下形成人工沙坝,并依靠自然波浪作用向岸输沙养滩。养滩方式的选取应该以"因地制宜"为指导原则,根据养滩工程目的、海岸动力条件、沙源、施工条件、经济效应和法律法规等综合考虑。近岸人工沙坝养滩具有低成本、高效率、长周期和对海滩活动和自然景观影响小等优点,是逐渐兴起和极具发展潜力的人工养滩方式。图1.1.1展示了荷兰人工养滩类型与补沙量的年变化,图中黄色条柱代表传统滩肩/剖面补沙养滩,蓝色条柱代表近岸人工沙坝养滩,紫线代表岸线位置后退于1990年基准岸线的比例。可以看出在1997年以后,人工沙坝养滩方法已被广泛用于荷兰沙质海滩的养护修复。

图1.1.1 荷兰人工养滩类型及补沙量变化图[16]

近岸人工沙坝的养滩功能主要体现在遮蔽和喂养两个效应。遮蔽效应指的是人工沙坝使波浪提前破碎,引起波浪破碎和能量耗散,减弱后方掩护区的输沙能力,达到抑制海滩侵蚀的目的;喂养效应指的是人工沙坝在波浪作用下向岸移动并填补在滩面上形成对海滩的养护,即使针对短期内侵蚀并不严重的海岸,合理设计的人工沙坝也可作为一种泥沙补给来源,通过喂养效应来维持长时间的海滩动态稳定,此类长效喂养的理念也已被借鉴到荷兰大型人工沙滩现场实验"沙引擎"(Sand Engine)[8,17]中,于近年来受到广泛关注。与Sand Engine、滩肩/沙丘补沙相比,人工沙坝养滩是水下补沙,不便于直接观测。人们对人工沙坝养滩的认识相对较少,制约了其在实际工程中的广泛应用与推广,实际工程中的养滩效果仍有不确定性。

1.2 国内外研究进展

1.2.1 人工沙坝地貌形态演变规律研究进展

1.2.1.1 人工沙坝自身地貌形态演变

根据是否会发生明显的地貌形态变化,可将人工沙坝分为"活跃型"与"静态型"[18]。"活跃型"人工沙坝指在外部因素的作用下,沙坝自身的地貌形态会发生明显的改变;"静态型"人工沙坝对外部动力条件的响应较小,形态几乎不会发生明显变化。"活跃型"人工沙坝铺设在水深较浅、水动力较强的区域,铺设水深通常在 8 m 以内;"静态型"人工沙坝铺设在水深较深、水动力较弱的区域,铺设水深通常大于 10 m[19]。"活跃型"人工沙坝的养滩效果较为复杂,表现为随时空变化的遮蔽效应与喂养效应,这两者都与人工沙坝的横向迁移与地貌形态演变规律相关。"静态型"人工沙坝护滩机理与潜堤类似,即削减波能的作用。现有研究侧重于建立波高透射系数与人工沙坝几何参数之间的经验关系,以及对由人工沙坝引起的波浪破碎能量损耗进行参数化研究[19-23]。

最早的人工沙坝横向迁移规律认识主要来自对原型海岸的现场观测研究。此类现场观测的重点是考察人工沙坝是否能够向岸迁移,观测时间尺度通常在数月至数年不等,侧重于人工沙坝的中长期演变规律。表 1.2.1 列举了世界上典型人工沙坝养滩工程。美国 Fort Myers 海岸坐落于佛罗里达堰洲群岛的中西部,墨西哥湾北岸。人工沙坝铺设在 1.2~2.4 m 水深处,距离岸边约 200 m。Brutsché 等[20]基于 3 年地形观测数据,观测到该海岸的人工沙坝在当地较弱的波浪条件下缓慢向岸迁移和填补干滩,人工沙坝逐渐适应天然海岸地貌系统并达到新的动态平衡状态。美国 Upham 海岸同样位于佛罗里达西海岸,填沙规模为 0.29 Mm³,但在人工沙坝铺设后不久,该海岸便遭遇飓风的袭击。Elko 和 Wang[21]监测了飓风"Frances"过境前后人工沙坝地貌形态的变化,发现在该海岸的 LK5A 与 R151 监测断面处人工沙坝有明显的离岸迁移趋势,沙坝形态逐渐衰减。与美国佛罗里达海岸人工沙坝养滩工程相比,荷兰的填沙规模更大,其中最为著名的包括荷兰北海海岸的 Egmond 岸段、Noordwijk 岸段以及 Terschelling 岸段。Egmond 海岸是侵蚀热点地区,沿岸地形不规律使得沿岸环流与裂流作用较为显著,大量泥沙被输送入海,其人工沙坝铺设在天然沙坝的外侧,填沙体积为1.41 Mm³,在波浪的作用下,人工沙坝没有发生明显的迁移,坝槽形态逐渐消失[19]。Terschelling海岸是典型的三沙坝海岸,人工沙坝填充在最外侧沙坝与中间沙坝的坝槽中,填沙量为2.00 Mm³,其人工沙坝在建成后的10年时间里有较强的向岸迁移的趋势[22]。Ojeda等[23]基于6年的观测资料,发现人工沙坝在建成后的4年时间里向岸迁移了300 m。我国的人工沙坝护岸工程起步较晚,其中较为典型的是秦皇岛海岸人工沙坝养滩工程[1,13,14,24]。秦皇岛海岸的人工沙坝在建成后的3年时间里缓慢向岸迁移,人工沙坝的形态逐渐变得不对称,整个剖面趋于准平衡状态[12]。

表 1.2.1　典型的人工沙坝养滩工程概况

海岸位置	填沙量(Mm³)	填沙水深(m)	监测时间	迁移趋势	喂养模态
Fort Myers(美国)	0.18	1.2~2.4	2010.04—2013.05	向岸迁移	增长型
Upham(美国)	0.29	1.5~3.0	2004.06—2004.10	离岸迁移	衰减型
Egmond(荷兰)	1.41	7.5	1999.05—2001.04	无	衰减型
Noordwijk(荷兰)	1.70	5.0~8.0	1998.09—2004.07	向岸迁移	增长型
Terschelling(荷兰)	2.00	5.0~7.0	1994.05—1994.06	向岸迁移	增长型
秦皇岛海岸(中国)	5.30	1.5	2011—2014	向岸迁移	增长型

近年来,海岸沙坝在横向迁移中的自身地貌形态演变规律也获得了较多的关注。Nielsen和Shimamoto[25]基于SUPERTANK大水槽实验数据,发现沙坝在向海迁移的过程中沙坝坝顶高程与潮位存在同步性,沙坝地形总是先于整体地形达到平衡。Cheng和Wang[26]建立了低能弱潮海岸上沙坝坝高与位置的动态平衡关系,指出坝顶水深是影响沙坝迁移方向的关键因素,沙坝形态的不对称性则是沙坝迁移方向的标志,比如,沙坝向岸侧坡度变陡、向海侧坡度变缓可以说明沙坝向岸迁移,反之则反。针对人工沙坝地貌形态演变规律开展的研究相对较少,特别是在向岸迁移的过程中。人工沙坝向离岸方向的形态演变又与干滩宽度和岸滩泥沙总量等养滩效果尤其相关。基于对已有现场观测和物模实验结果的初步总结分析,图1.2.1给出了人工沙坝向岸迁移过程中呈现出的两种典型的地貌形态演变模式示意图:(1)"增长"模式。在人工沙坝向岸迁移的过程中,坝槽不对称形态不断增长。在荷兰Terschelling海岸[22,27]、美国Fort Myers海岸[20]、新西兰Tairua海岸[28]和我国秦皇岛海岸[12]都曾观测到这种模式。若波浪作用时间足够长,沙坝最终将填

补在岸滩上并拓宽滩肩。(2)"衰减"模式。沙坝的向岸边坡和向海边坡都变缓,高度变小且宽度变大,坝槽形态逐渐衰减。沙坝上的泥沙最终将填补在较长范围的深槽中,成为天然海滩剖面的一部分。这种模式出现在荷兰 Egmond 海岸[19]、美国 Duck 海岸[29]和一些物模实验中[30]。上述地貌形态演变规律的差异主要来源于初始海岸地形、波浪条件、泥沙粒径和人工沙坝设计形式等众多因素的地域性差异。这些差异的存在使人工沙坝地貌形态演变的规律性更加难以把控。

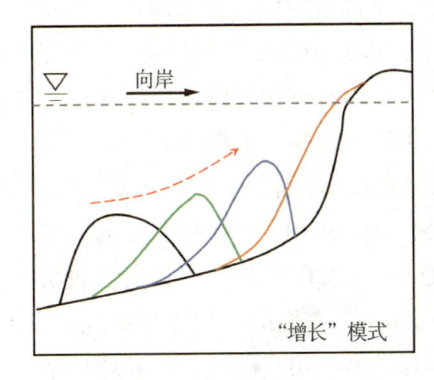

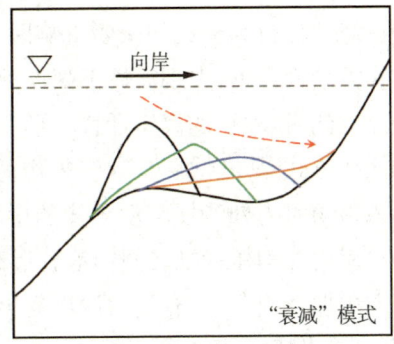

图 1.2.1　近岸沙坝向岸迁移中两种典型的地貌形态演变模式示意图

上述观测研究的时间尺度在数月到数年不等,主要把控人工沙坝地貌形态演变和养滩效果的长期表现。然而,人工沙坝的"遮蔽"效应主要体现在时间尺度较短的风暴过程中,风暴条件下人工沙坝的短期演变尤为剧烈,并且对之后海岸的恢复有至关重要的影响。受制于极端气候下的观测技术和观测仪器的时空分辨率,人工沙坝的风暴响应模式更加难以捕捉。最近的物理模型实验发现了通过合理地设计人工沙坝形态参数,可以使得人工沙坝在风暴条件下向岸迁移,对风暴条件下泥沙的维存以及后续岸滩的恢复都有积极的作用[31],但是关于这一发现是否适用于实际海岸的养护工程,仍需要开展更加深入的研究。

1.2.1.2　人工沙坝与天然地形的地貌形态耦合

天然沙质海岸往往存在沙坝或滩肩等初始地貌形态。从地貌系统响应的角度看,人工沙坝喂养海滩的过程,也是人工沙坝与这些天然地貌之间,通过水动力互馈和泥沙交换,发生相互作用并重新适应的过程。一方面,人工沙坝和天然沙坝的位置关系影响了人工沙坝两侧的水深变化特征,改变了波浪传播历史、输沙路径和向岸迁移过程中的地形条件，引起了沙坝之间的地貌形态耦合；另一方面，人工沙坝向岸迁移喂养滩肩的过程势必伴随着沙坝泥沙的流失和滩肩泥沙的淤长，人工沙坝与天然滩肩的初始距离影响该过程的强度和时间周期，随着两者逐渐靠近，滩肩前沿的水动力变化也会反馈到人工沙坝的演变。上述过程均是通过不同地貌单元之间的泥沙交换，引起沙坝间的融合或分离以及沙坝-滩肩的地貌转化。

在传统的海岸地貌形态动力学中，海岸各部分地貌单元形态耦合研究是重要的组成部分。Aagaard[32]认为海岸上下部分滩面之间的泥沙交换是影响长期海滩演变行为模式的重要影响因素。Aagaard等[33]基于30年丹麦北海海岸实测剖面数据，发现海岸下部滩面的泥沙通过沙坝的向岸迁移向上部滩面补给。同时，沙坝的离岸迁移与形态衰减是泥沙从上部滩面输运到下部滩面的主要方式[34]。顾振华等[35]采用海滩剖面演变模型NearCoM，研究不同波浪入射角对内外沙坝联动规律的影响。Ruessink等[36]基于交叉小波变换分析沿岸内外韵律沙坝之间的地貌形态耦合，发现内外沙坝在大多数情况下存在地貌形态耦合，只有当内沙坝露出水面时，它们的发育才是相互独立的。Phillips等[37]基于澳大利亚Narrabeen海岸10年的观测数据，发现风暴后岸线的恢复速率与沙坝的位置参数有关。Baldock等[38]基于水槽实验的研究结果表明，即使在同等的波浪条件下，不同的初始地貌也会对沙坝演化特性产生重要的影响。

人工沙坝与天然沙坝、滩肩以及岸线之间的地貌形态耦合效应在原型海岸中多有体现。Hoekstra等[39]发现Terschelling海岸在实施人工沙坝养滩后的最初2年半里，人工沙坝喂养效果明显，使该海岸的岸线以原先每年后退3 m的侵蚀状态转变为每年前进7 m的淤积状态。Ojeda等[23]分析了Noordwijk双沙坝海岸对人工沙坝养滩的响应，发现人工沙坝降低了天然沙坝离岸迁移的速率。这些现场观测实验证实了在合理设计的前提下，近岸人工沙坝养滩具有显著的"喂养效应"，然而在不同地区的地貌形态响应和养滩效果存在较大的差异。比如，Terschelling海岸的人工沙坝在建成后带来明显的岸线推进和干滩拓宽[27]，而Egmond海岸的人工沙坝在建成后并没有显著改善滩肩的侵蚀状态[19]。此外，人工沙坝与天然地形的耦合也体现在数学模型和物理实验中。Marinho等[40]建立了经验模型用以描述人工沙坝与滩肩之间的泥沙交换。

这一方面的研究仍处于探索阶段，已有研究的海岸特征和侧重点各不相同,针对天然沙坝/滩肩等不同初始地形条件下的人工沙坝演变而开展的系统性研究目前还不多见。研究这些问题是整体把握人工沙坝地貌响应过程的重要出口。

1.2.1.3 人工沙坝平衡剖面研究进展

平衡剖面是波浪、波生流等动力因素与地貌形态和泥沙特性在长时间尺度上的非线性耦合作用的结果。研究平衡剖面有助于优化养滩工程设计,提高养滩工程的效率,减少养滩工程的成本,尤其是对补沙位置以及补沙周期的选取。一些研究致力于使用基于统计学规律的经验性数学表达式描述剖面的几何形态[41-44]。此类经验模型根据公式的复杂程度可以分为单调式、分段式和复合式。单调式的平衡剖面上,水深与离岸距离之间的关系可以用某一种单调函数表示,以幂函数(Bruun-Dean 模型)[42,45]和指数函数(Bodge 模型[41]、Komar 模型[44])为代表。此类模型预测的剖面均是单调的,无法用于描述人工沙坝特征地形。由于不同海岸区域上主导动力机制的差异和海滩剖面地貌形态的复杂性,故仅采用一种函数关系难以描述完整的海滩剖面。Inman 等[46]用满足 Bruun-Dean 模型的两条曲线描述带有沙坝的平衡剖面,两条曲线的结合点位于破波点。Larson 等[47]根据主导泥沙运动物理机制的差异,分别推导出了破波带内外剖面形态的表达式。Wang 和 Davis[48]强调了沙坝和深槽的重要性,将剖面分为三段——浅化区到沙坝坝顶、沙坝坝顶到向岸侧边坡、内破波带,他们认为可以将沙坝坝顶到向岸侧边坡简化为一条平直的边坡,其他两段则分别满足 Bruun-Dean 模型。分段式的海滩平衡剖面模型通过两条曲线的相交描述沙坝的形态与位置,所反映的沙坝形态通常尖而陡;此外,沙坝的坝顶为两条分段曲线的交点,在该点处导数不存在。上述特征与海岸沙坝迁移过程中的形态不符。Holman 等[49,50]通过在 Bruun-Dean 模型上复合了一个余弦函数形状的沙坝,用以描述沙坝型的海滩平衡剖面。之后,将复合式的平衡剖面模型从垂向一维拓展到垂向二维,与实测剖面吻合较好。该模型不仅能描述沙坝-坝槽形态,而且能表征沙坝形态的平滑过渡,因此在人工沙坝平衡剖面的描述与预测中具有较大的应用潜力。

此类经验模型虽然已经较为成熟,但是经验性的模型并没有显著提升人们对海岸沙坝平衡剖面水沙运动机理的认识。Dean 等[45]基于现场观测数据,提出了平衡剖面上单位水体内波浪破碎能量耗散均匀的假定,这一假定得到了大量研究的验证。Wang 和 Kraus[51]通过分析 SUPERTANK 大水槽实验平衡剖面上波能衰减的特征,证实了平衡剖面上单位水体波能耗散的分布比初始剖面更为均匀。Wang 等[52]通过 LSTF 港池实验研究了卷破波和崩破波作用下的平衡剖面,发现 Dean 的假设适用于大部分破波带,但是在破波线处出现了较大的波能耗散率。现有的现场观测与物模实验结果显示该假定也可能适用于人工沙坝海岸。Pan 等[12]分析了秦皇岛北戴河海岸人工沙坝迁移过程,发现在地形剖面趋于平衡的过程中单位水体波能耗散率趋于均匀。然而,比较波能耗散率的均匀程度缺乏统一的标准,通常的做法是计算特定时刻各个波高测点处的单位水体波能耗散率,然后与 Dean 提出的理论值进行比较,判断该物理量分布的均匀程度。实测的单位水体波能耗散率一般采用 Wang 等[52]提出的算法:

$$D(x) = \frac{1}{8} \frac{\rho g^{3/2}}{h_{\text{mid}}} \frac{\Delta(H_{\text{rms}}^2 h^{1/2})}{\Delta x} \tag{1.2.1}$$

式中:$D(x)$ 为波高测点 x 处的单位水体波能耗散率;ρ 为水体的密度;H_{rms} 是波高测点处的均方根波高;h 是波高测点处水深;h_{mid} 为相邻两个波高测点中间位置处的水深;Δ 表示物理量在相邻两个波高测点处的差值。这种做法的局限性在于:(a)采用公式(1.2.1),本质上计算的是两个波高测点之间的平均波能耗散率。为保证计算精度,要求波高测点分布较为密集;然而受观测条件以及仪器数量的限制,密集的仪器布置很难得到满足。(b)当两个剖面的平衡程度都较高时,波能耗散率分布的均匀程度通常难以直接比较。最近,Li 等[53]提出了基于"波能熵"无量纲参数衡量地形剖面平衡程度的方法,可以直接建立海岸地形剖面响应(冲淤变化)与波浪驱动力之间的关系,从而简化对复杂波流过程与泥沙运动的研究。

随着观测技术和实验水平的提高[54-56],研究人员可以更清晰地认知近岸带内复杂的波浪破碎过程、底部离岸流结构以及向离岸输沙模式[57]。在此基础上,基于物理过程的海滩演变数学模型也得到了快速发展。采用此类数学模型可以弥补实验室或现场观测时仪器布置分辨率不够的缺陷。

1.2.2 人工沙坝水动力泥沙运动特性研究进展

1.2.2.1 人工沙坝对波浪非线性演化特性的影响

波浪非线性(包括速度不对称性和加速度不对称性等)是常浪条件下近底泥沙向岸输运的主要动力机制,也是人工沙坝向岸迁移的驱动力。在天然海岸剖面上,波浪非线性与地貌形态的响应关系被给予了广泛研究。大量研究立足于方便工程应用,在周期平均的框架内考虑波浪非线性参数在海岸地形上的演化模式,通常将波面非线性或近底水质点轨道速度非线性拟合为当地厄塞尔数与地形坡度的经验关系[58-65]。这类关系通常被应用于海滩剖面演变数学模型中,用以描述由波浪非线性引起的近底泥沙净输移[66]。人工沙坝可被视为一种对天然地形的扰动,其所引起的地形突变会导致强烈的水动力响应。人工沙坝的边坡坡度远大于一般的天然海岸坡度,陡坡上波浪非线性的演化与天然缓坡海岸上的有显著不同。Doering 和 Bowen[59]、Elgar 和 Guza[67]建立了天然海滩上的波浪非线性参数与当地厄塞尔数的经验关系。然而由于天然海岸的波况比较复杂,近岸环流与潮汐作用显著,因此不能说明波浪单独作用时非线性参数的变化。Peng 等[62]开展了陡坡上波浪非线性演化的物理模型实验,分别拟合了陡坡前后波浪的速度不对称性和加速度不对称性与厄塞尔数的经验关系。Zou 和 Peng[65]使用 RANS-VOF 模型研究波浪速度不对称性和加速度不对称性参数在经过陡坡过程中的变化。类似地,马小舟等[68]采用完全非线性的 Boussinesq 方程研究了不规则波浪在潜堤斜坡上传播时波浪非线性参数的变化,并给出了不同区域的波浪非线性参数与厄塞尔数的经验关系。然而,这些在不同类型的斜坡上建立的经验公式差异较大,如采用 Peng 等[62]建立的经验公式计算出的波浪非线性参数在数值上远大于马小舟等建立的经验公式计算所得,这是由于 Peng 等采用的坡度较陡,波浪变形难以完全适应地形的迅速变化。Dong 等[60]采用基于小波变换的双谱分析法研究不同坡度上的波浪非线性参数与当地厄塞尔数的关系,发现坡度对波浪加速度不对称性的影响较大,这种影响在坡度大于 1/30 时较为显著。可见基于缓坡的波浪非线性参数与厄塞尔数的关系式并不适用于陡坡,人工沙坝对波浪非线性的影响有待进一步研究。

1.2.2.2　人工沙坝演变过程中的输沙规律研究进展

近岸沙坝向离岸移动的波浪和底部离岸流互制输沙机理一直是国内外学术界的研究热点和难点,为人工沙坝研究提供了一定的理论基础。Henderson 等[69]基于二阶边界层方程,以实测近底流速为输入条件,模拟了 Duck94 现场实验中沙坝向离岸迁移的现象。Ruessink 等[70]成功复演了风暴条件下沙坝离岸迁移的过程,认为模型中采用周期平均的波浪子模块的模拟精度能满足时间尺度为周际的地貌形态演变模拟。相对于沙坝的离岸迁移,常浪条件下沙坝向岸迁移的数值模拟一直是海岸动力学的难点问题。Dubarbier 等[71]在数学模型中考虑了波浪加速度不对称的影响,成功复演了海岸沙坝的向岸迁移。张弛等[72]建立了一个基于物理过程的海滩剖面演变模型,成功复演了波浪作用下沙坝剖面的形成过程,并讨论了破碎水滚倾角、泥沙扩散系数和底床休止角等物理参数对模拟结果的影响。此外,尹晶[73]、张洋等[74]、蒋昌波等[75]、程永舟等[76]针对天然沙坝在不同波浪条件下的形成、演变和地貌特征也开展了一系列研究。

波浪作用下,人工沙坝的地貌形态演变是一个多时空尺度并存和多种动力因素非线性耦合作用下的复杂过程,与波浪条件、人工沙坝设计参数、底床形态、泥沙特性、水位变化等因素相关。与天然沙坝相比,人工沙坝的地貌形态演变机制更为复杂,主要体现在三个方面:其一,与天然沙坝相比,人工沙坝演变的时间尺度相对较短,特别是在风暴条件下,滩面上的堆积物会在较短的时间内产生大量的侵蚀。这一特性提升了人工沙坝观测技术的难度,特别是在观测人工沙坝的初始演变时,对观测仪器的可靠性以及观测的时空分辨率具有较高的要求。Elko 和 Wang[21]观测到了养护后的海滩在飓风作用后迅速达到了平衡。类似的现象在澳大利亚新南威尔士州西北海岸珍珠滩也有观测到[77]。这种由单个极端事件引起的平衡过程不能用传统的平衡剖面理论进行解释,它的时间尺度较小,水动力测量难度大,外界因素对剖面的塑造过程也更为剧烈且通常伴随着明显的漫滩过程[78,79]。其二,人工沙坝演变的主导动力因素与水动力特征更为复杂。原因在于,人工沙坝本质上是对海滩地形造成的人为扰动,与当地的水动力条件并不匹配,从而使人工沙坝上方波生流强度和波浪水质点的非线性振荡运动发生剧烈变化。Zhang 等[80]发现波浪在陡坡上传播时,波浪变形速率加快,波峰面坡度角变陡。与缓坡相比,陡坡上波浪破碎的时空尺度更小,破碎强度更大,说明波浪在从缓坡向陡坡传播时,波浪破碎的形式会从崩破波向卷破波转变。风暴条件下,在从天然缓坡地形过渡到人工沙坝陡坡中同样观测到了崩破波向卷破波转变的现象[31],并伴随着人工沙坝向岸迁移。Li 等[81]将这种向岸的泥沙输运过程解释为由卷破波引起的泥沙悬扬过程与波峰时刻的相位耦合作用,这与前人提出的卷破波有利于向岸输沙和崩破波有利于离岸输沙的观点相吻合[82,83]。然而,由人工沙坝上方卷破波引起的垂向掺混对整个输沙系统的贡献还不清晰,目前的研究仅局限于对天然海岸外破波带或岸边卷破波[84,85]的观测。Aagaard 等[86]基于丹麦 Vejers 海岸现场观测,发现由卷破波引起的向岸输沙与波峰、波谷下的水体含沙量浓度的差异有关。其三,人工沙坝与后方掩护区岸滩地形的耦合效应更为显著,通过选取合适的人工沙坝设计参数,可以达到调节后方掩护区水动力强度与输沙能力的目的。在这种情况下,一般将人工沙坝作为"硬性"的构筑物处理,现有的防护效果评价体系尚不能考虑到人工沙坝本身的地貌形态变化。

1.2.3 人工沙坝养滩数值模拟方法研究进展

近岸沙坝演变数学模型的进步建立在机理认识不断深入的基础上,从最初的半经验半理论公式逐步发展到基于动力过程的数学模型。基于动力过程的数学模型侧重于描述地貌形态演变过程中内在的物理机制,这些数学模型通常包括波浪模块、波生流模块、泥沙运动模块和地形演变模块,模拟各物理量的时空变化过程。近年来,数学模型研究致力于改进物理机制描述的完整度和准确度,主要包括:(1)更好地模拟波浪速度不对称性和加速度不对称性对泥沙运动的影响[87,88];(2)更好地刻画非线性波浪和底部离岸流共同作用下的泥沙运动特性[89-91];(3)更好地描述波浪破碎对近底泥沙运动的影响[57,92,93];(4)变化驱动下长时间尺度的岸滩侵蚀与恢复过程[94-96]。

虽然现有的数学模型可以成功模拟几天至几年时间尺度下海岸沙坝的地貌形态演变过程,但在人工沙坝养滩过程的模拟中还面临以下一些问题。

(1)数学模型能准确描述人工沙坝周围的水动力特性是成功模拟人工沙坝养滩过程的前提。Jacobsen 和 Fredsøe[97]采用基于有限体积法的自由波面追踪法(Free Surface-Tracking Method)较好地模拟了波浪在人工沙坝上方传播时波面和波高的变化趋势,需要注意的是,在此基础上耦合泥沙运动模块与地形演变模块对计算机性能有较高的要求[98]。为了简化计算过程与提高计算效率,Li 等[99]采用了参数化的波浪模型作为水动力的输入,可以准确模拟人工沙坝上方的波高变化以及常浪条件下的人工沙坝向岸迁移。这种采用参数化波浪模块的方法计算效率高,在周际的时间尺度下有较高的模拟精度[70],因此被主流的海滩地貌演变计算软件如 Unibest-TC[70] 和 Delft 3D[100]采用,用于现场人工沙坝养滩的模拟[27,28]。

(2)数学模型能准确预测泥沙输运的方向和量值是成功模拟人工沙坝养滩过程的基础。在此类数学模型中,计算输沙率时常用两种方法。一种方法是直接使用参数化的输沙率经验公式,Bain 等[101]评估了 8 种沿岸输沙率公式,发现计算人工沙坝迁移轨迹的误差范围在 72%～167%。另一种方法是在模型中考虑关键的泥沙运动过程,如采用能量的观点描述水体与泥沙颗粒的能量交换,将输沙率表示为近底流速的高次幂[102];或者采用对流扩散方程描述水体中的含沙量浓度。针对前者,为了提高计算效率,Larson 和 Hanson[103]使用 Meyer-Peter-Muller 型推移质输沙公式代替了能量型公式,成功模拟了人工沙坝剖面形态的局部变化。后者则被广泛应用于基于物理过程的海滩剖面演变数学模型中,用于计算悬移质输沙率。Spielmann 等[9]采用了一个此类垂向二维数学模型,评估了不同人工沙坝养滩策略的养滩效果。

(3)数学模型能复演人工沙坝与天然地貌之间的耦合作用是成功模拟人工沙坝养滩过程的关键。人工沙坝铺设后,会改变海滩剖面上天然沙坝原先的地貌形态演变模式。Radermacher 等[104]发现人工沙坝的铺设将会使得原先在潮间带的天然沙坝发生明显的向岸迁移并填补到干滩上。Grunnet 等[27]采用 Delft 3D 模拟出了荷兰 Terschelling 海岸上人工沙坝在填沙 1 年后与天然沙坝的融合。Gijsman 等[105]发现海滩上天然沙坝的演变周期对人工沙坝的使用时限有显著的影响。Chen 和 Dodd[106,107]发现人工沙坝与天然沙坝之间的复杂作用还体现在人工沙坝铺设位置与天然海滩上破波点位置的空间差异。

1.3 研究内容与技术路线

在实际海岸中,人工沙坝的养滩效果受到复杂动力条件的影响,其复杂性体现在时变与斜向入射的外海动力条件使得沿岸输沙和向离岸输沙在不同时间尺度上占据主导地位。Xie 等[108]基于数学模型模拟出了持续的沿岸输沙会造成在向离岸方向上的泥沙通量减小,从而抑制沙坝的横向迁移。Smith 等[109]开展了大型港池实验,发现沿岸流会促进人工沙坝地貌形态的耗散。当波浪入射角较小时,沿岸输沙率量值减小,此时人工沙坝剖面形态演变由向离岸输沙主导。Cao 等[110]基于对现场实测地形的分析,发现日照人工沙滩南段以向离岸输沙为主导。在向离岸输沙主导的海岸上,沙坝向岸迁移的过程中呈现出不同的地貌形态演变模式[111]。地貌环境与人工沙坝设计参数也是影响人工沙坝养滩效果的重要因素。人工沙坝的三维形态和尺寸,例如坝顶水深、两侧坡度、在沿岸方向铺设的长度、与岸线的角度等也会影响人工沙坝的遮蔽效应和喂养效应。其他的影响因素还包括填沙的粒径以及后续海滩剖面演变过程中的泥沙分选过程等。综上所述,人工沙坝喂养海岸的过程是多因子驱动的复杂问题。在本书中,重点考虑向离岸方向上的人工沙坝剖面形态变化,忽略沿岸过程;重点分析不同波浪条件的影响,忽略潮汐水位过程;采用单一的填沙粒径,忽略泥沙的分选作用。

前人的研究取得了一系列的进展,但是在人工沙坝剖面形态演变规律、水动力演化特性以及泥沙运动规律三个层面上的认识仍有提升的空间。虽然在合理设计的前提下,人工沙坝在常浪条件下会向岸迁移并喂养海滩,但是受到观测技术的限制,对风暴条件下人工沙坝剖面形态演变规律的认识尚不清晰。此外,人工沙坝在喂养海滩的过程中会出现不同的形态增长与衰减模式,这关系到最后的养滩效果与养滩工程的成功与否,而此类喂养模式在前人的研究中未得到相应的重视。在水动力演化特性的层面上,前人对于波浪非线性演化规律的研究大多集中在坡度较为单一的固定剖面上,对坡度与水深突变影响下的波浪非线性演化机制的认识还有待提高。在泥沙运动规律的层面上,受限于近底精细水沙观测技术,对人工沙坝迁移过程中波浪与底部离岸流互制输沙率时空变化规律的认识仍有待提升。

在此基础上,本书主要考察三个关键科学问题。在地貌演变层面,重点关注人工沙坝与滩肩的地貌形态耦合机制。人工沙坝喂养海滩是一个泥沙重新分布和地貌重新适应的过程,这个过程不仅取决于沙坝自身上方的波流驱动条件,也受到天然沙坝或滩肩等初始地貌形态的影响,体现在不同地貌单元之间的泥沙交换,这一机制是整体把握人工沙坝地貌响应过程的关键。在水动力层面,主要考察陡坡地形和突变水深条件对波浪非线性演化的影响机制。在由人工沙坝引起的陡坡地形和突变水深条件下,波浪非线性难以在有限空间内完全适应局部水深,体现出与缓变水深情况显著不同的演化特性,改变了人工沙坝周围的水动力分布特征,这一机制是准确认识人工沙坝水动力过程的关键。在泥沙运动层面,重点关注波浪和底部离岸流互制输沙格局的时空变化特性。波浪和底部离岸流在不同方向和不同尺度上的互制输沙格局决定了人工沙坝的迁移方向和速度,影响着人工沙坝的增长和衰减形态演变模式,该时空变化特性是精细描述人工沙坝地形演变过程的关键。

本书将采用以物理模型实验为主、数值模拟为辅的研究方法。在地貌演变的层面上,主要研究人工沙坝与滩肩的地貌形态耦合机制,分析人工沙坝位置、体积、形态变化与滩肩几何参数变化的相关性,探讨这两者发生泥沙交换的时空过程。探讨不同动力条件、地貌环境、设计参数的人工沙坝地貌形态的适应性,分析"增长型"和"衰减型"喂养模式的出现条件及影响因素,以及在常浪条件下形成的人工沙坝平衡剖面的特征。在水动力演化特性层面,研究波浪要素在人工沙坝上方的变化规律,分析波能谱、波高及波浪非线性参数在人工沙坝周围的变化规律;探讨由人工沙坝引起的水深和坡度突变对波浪非线性演化的影响,建立同时考虑厄塞尔数和坡度的波浪非线性参数化关系;揭示人工沙坝陡坡上三波相互作用机制;评估现有的参数化波能耗散模型在人工沙坝地形上的适用性,建立波能耗散与人工沙坝/滩肩几何形态的经验关系,为人工沙坝的遮蔽效应提供定量描述。在泥沙运动层面,研究人工沙坝向岸迁移过程中的波浪和底部离岸流双向耦合输沙特性,以及人工沙坝向岸迁移的主导动力机制;描述各个输沙率分量、底部离岸流流速和水体含沙量浓度的时空变化规律;探讨不同喂养模式背后的主导动力机制。本书的技术路线如图 1.3.1 所示。

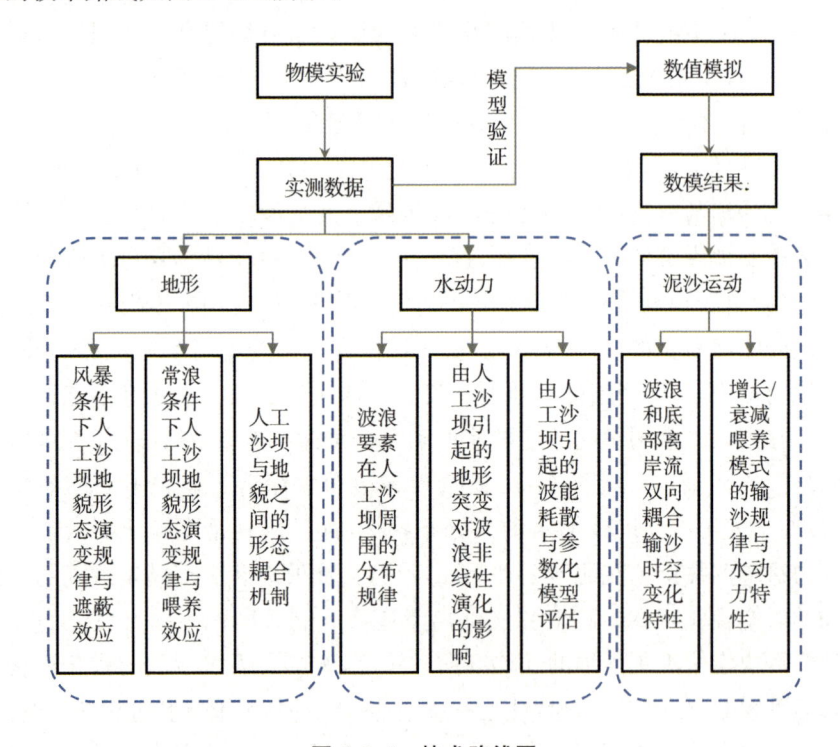

图 1.3.1 技术路线图

第二章
人工沙坝养滩物理模型实验

目前关于人工沙坝地貌形态演变规律的研究以原型海岸的长期观测研究为主。实际海岸的动力环境复杂多变,对现场观测尤其是水下地形的测量造成了严峻的挑战。此外,现场观测数据的分辨率还会受到仪器布置的影响,致使对人工沙坝的短期活动和精细水动力过程的观测程度较为不足。为了弥补这一缺陷,开展物理模型实验是一种更为可控有效的方法。物理模型实验的优点是展示的现象较为直观,可以将难以观测的原型海岸中人工沙坝复杂快速的地貌形态演变规律在便于观测和控制的实验室水槽中重现。本章主要介绍近岸人工沙坝养滩物理模型实验,为第三章的人工沙坝剖面形态演变规律分析、第四章的波浪传播变形特性分析以及第五章的海滩剖面演变数学模型验证提供实测数据。

2.1 实验概况

本实验在天津水运工程科学研究院开展。实验水槽长 50 m、宽 0.5 m、高 1 m,波浪水槽配有低惯性伺服电机推板式造波机,可以模拟规则波、椭圆余弦波、孤立波、国内外常用的频谱以及自定义频谱描述的不规则波。推板式造波机通过电机使滚丝杠转动转化为推板负载在导轨上的直线运动,波高取决于推板的冲程和速度,周期取决于往复的频率。如图 2.1.1 所示,本实验中波浪水槽的前 30 m 不铺设泥沙,作业静水深为 0.6 m,在这种水深条件下,造波机可以造出最大有效波高为 0.2 m 的不规则波。本实验选取谱峰因子为 3.3 的 JONSWAP 谱为入射波浪谱形。将第 30~46 m 作为实验区段，整体地形为 1∶20 的沙质海岸斜坡；第 46~50 m 是一个 0.2 m 高（距离静水位）的沙质海岸平台，用以支撑实验区段，在实验中没有发生地形变化。

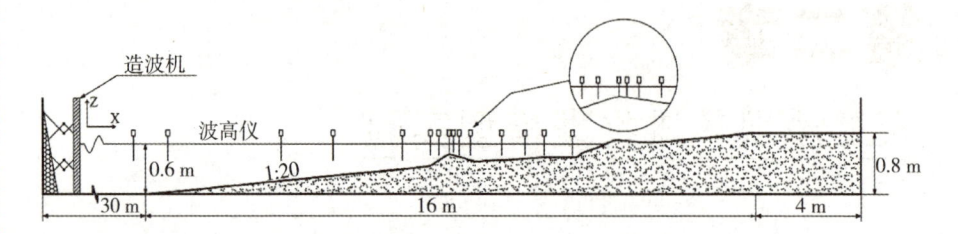

图 2.1.1　实验地形及波高仪布置示意图

实验中采用分选较好的天然沙，泥沙取样后采用 SFY-B2000 半自动音波振动式筛分粒度仪进行粒径分析，中值粒径 $d_{50}=0.23$ mm，分选系数为 1.45。在清水试管中测得泥沙沉降速度 $\omega_s=3$ cm/s。在实验开始之前，将泥沙在水中浸泡 24 h，待泥沙充分吸收水分后再进行地形铺设。为了方便阐述，引入笛卡尔直角坐标系描述水槽中的具体位置。将横坐标原点取在实验段斜坡起点（距离造波机 30 m），向岸方向为正方向。纵坐标的原点取在静水位面，竖直向上为正方向。

2.2　实验仪器与测量方法

波浪参数测量采用加拿大生产的 WG-50 型波高仪，测量误差在 0.12%以内[112]。在每组实验开始前和结束后，都要在缓慢变化水位的容器中重新率定仪器，具体方法是：首先将波高仪在空气中进行硬件调零；进入采集系统中的波高仪率定程序；将使用的波高仪放入率定容器的水中，此时波高仪浸没深度应大于波高仪的率定长度并静置 30 min（仪器预热）；在滤波系统中输入容器内水位的高度；打开容器缓慢放水，放水高度为 3 cm，待水位平稳后再次输入容器中的水位高度，并按此步骤继续放水，总放水次数为 10~15 次。在 $x=0$ m 处放置第一台浪高仪，用以采集入射波要素。在实验区段，沿程布置 14 台波高仪，并在人工沙坝附近加密布置（图 2.1.1）。实验中，波高仪的采集频率为 50 Hz，随着实验过程中人工沙坝的位置变化，在造波间隔手动改变波高仪的水平位置以保证至少在人工沙坝的坝顶和沙坝两侧边坡上都至少有1台波高仪。

  实验中的地形使用三维激光扫描仪(Trimble Scan X Configuration)进行测量(如图2.2.1所示),测量精度为1 mm,沿程分辨率为0.01 m。此外,在人工沙坝所在区段的波浪水槽边壁上刻画边长为2 cm的正方形网格,用以辅助记录人工沙坝地形的实时变化。由于近底高浓度泥沙会影响扫描仪识别水底地形,因此需在测量地形之前将水排出水槽,并在地形测量完成之后将水注入水槽。为了防止对地形的破坏,排水、灌水过程需要缓慢进行。特别是在人工沙坝的两侧,需要2台水泵同时进行灌排水以保证沙坝两侧水位变化的一致性,防止水位高的一侧对另一侧产生倒灌。地形后处理需要使用扫描仪自带的软件,处理之后可得到三维地形,经过比较发现,地形在沿岸方向的变化不大。

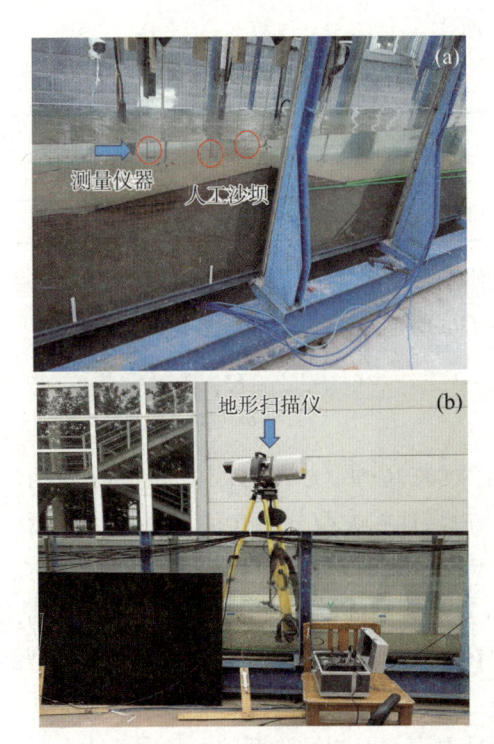

图2.2.1　本实验使用的(a)波浪水槽和(b)地形扫描仪

2.3 实验步骤

实验开始前首先对造波机进行检查,保证其机械性能良好,并具有良好的重复性。开始实验前对测量仪器全部通电检验,并对波高仪等进行率定,如有故障立即排除。应准备充足的水源和畅通的排灌水系统。在水槽边界设置消波网,减小反射波的影响。最后拟定实验程序,事先将需要测量的物理量进行规划,排好测量组次、先后顺序并制成表格,以便逐次进行实验,从而避免重测和漏测。

在正式实验开始前先进行预实验,令初始坡度为 1/20 的均匀斜坡地形在 2 种不同波浪条件作用下形成不同冲淤类型的准平衡海岸剖面。预实验的基本参数如表 2.3.1 所示。

表 2.3.1 预实验参数

背景剖面	初始坡度	H_{s0}(m)	T_p(s)	Ω_1
反射型	1/20	0.05	2.0	0.86
过渡型	1/20	0.16	1.6	3.33

表格中,Ω_1 为预实验中背景剖面的海滩冲淤判数,下标 1 代表背景剖面。海滩剖面冲淤判数 Ω 的定义为

$$\Omega = \frac{H_{s0}}{\omega_s T_p} \tag{2.3.1}$$

式中:H_{s0} 为入射有效波高;T_p 为入射波浪的谱峰周期。根据 Wright 和 Short[113] 的研究,将海滩地貌类型分为 6 种,分别为反射型、中间 4 种过渡型以及完全耗散型。当 $\Omega<1$ 时,为反射型海滩;当 $\Omega>6$ 时,为完全耗散型海滩;当 $1<\Omega<6$ 时,为过渡型海滩。如表 2.3.1 所示,背景剖面的 Ω_1 分别为 0.86 和 3.33,因此在本书中分别采用反射型剖面和过渡型剖面来描述这两种海滩剖面类型。

预实验生成的反射型剖面与过渡型剖面如图 2.3.1 所示。反射型剖面在波浪作用 14 h 后逐渐趋于平衡状态,岸线前缘冲刷的泥沙在上爬波浪的作用下向岸输运,最终沉积到岸线以上的区域形成滩肩。滩肩顶到静水位的垂直高度为 0.11 m,两侧坡度较陡。过渡型剖面由外沙坝和内沙坝组成,地形在波浪作用 11 h 后趋于稳定状态。外沙坝形状扁平,坐落在 $x=5\sim7$ m 区域,

坝顶在 $x=6$ m 区域。内沙坝较为尖陡,坝顶在 $x=10$ m 区域。在初始背景剖面形成后,记录地形参数。在正式组次开始之前,在背景地形的不同位置铺设不同设计尺寸的人工沙坝,再施加不同的波浪条件。每组实验结束后,恢复地形,重新铺设人工沙坝直到完成所有组次。

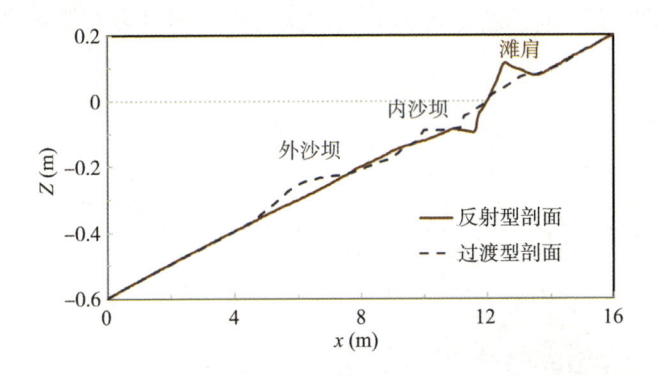

图 2.3.1　预实验塑造的反射型剖面和过渡型剖面

2.4　风暴条件下的实验设计

塑造过渡型剖面的波浪条件($H_{s0}=0.16$ m,$T_p=1.6$ s,$\Omega=3.3$)用于表征风暴条件。前人对于风暴条件的定义因海岸而异,具有一定的主观性[114]。一种方法是定义风暴中的波高和波周期达到一定阈值,如 Coco 等[115]在法国 Truc Vert 海岸定义的风暴条件为深水有效波高大于 4.1 m 且谱峰周期大于 10.1 s。另一种常用的方式是采用海滩剖面演变的剧烈程度来定义风暴条件[116],其中,海滩剖面演变的剧烈程度通常使用由式(2.3.1)定义的海滩剖面冲淤判数 Ω 来描述,这种方法经常在实验中被用于定义风暴条件。如 Eichentopf 等[116]在实验中定义 $\Omega=3.34$ 为风暴条件。

在前人的研究中,人工沙坝的形状通常被概化为梯形[117]、余弦函数形[49,50]或是高斯函数形[9]。本实验采用的人工沙坝为三角形,基于三个方面的考虑:(1)三角形沙坝更容易识别出坝顶位置,从而可以更准确地衡量人工沙坝到岸线的距离[40]。(2)Jacobsen 和 Fredsøe[97]提出采用几何形状更集中的人工沙坝,其养滩效果更好。与梯形、余弦函数形以及高斯函数形相比,三角形的几何形态更集中。(3)实际养滩工程中,人工沙坝的形状常常更接近三角形[12]。

人工沙坝铺设示意图以及人工沙坝形状参数定义如图 2.4.1 所示。人工沙坝的坝顶水深 h_c 被定义为沙坝坝顶到静水位的垂直距离。根据 Eichentopf 等[116]对天然沙坝坝高的定义，人工沙坝高度 h_{bar} 被定义为沙坝坝顶到预养护岸滩在竖直方向上的距离。两侧边坡对人工沙坝的稳定性具有重要作用，本实验中人工沙坝两侧边坡比 s_{on}/s_{off} 与预实验中天然外沙坝的内外侧坡度比相等。

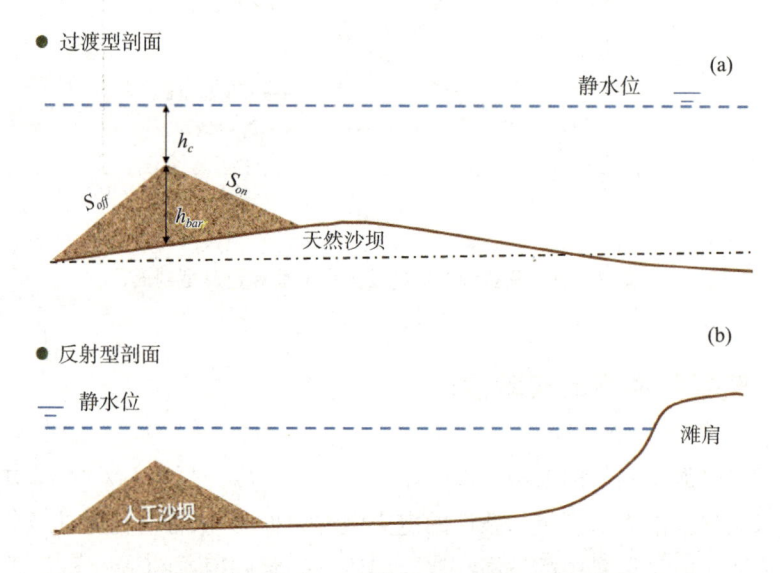

图 2.4.1 (a)过渡型剖面和(b)反射型剖面上人工沙坝设计示意图

2.4.1 反射型剖面上人工沙坝设计参数

以往的研究重点考察反射型海滩剖面上人工沙坝在常浪条件下的地貌形态变化[12]。随着气候的变化，沿海灾害如热带气旋和飓风可能将最初反射型海滩剖面上的常浪条件改变为风暴条件。因此在本实验中，将人工沙坝铺设在靠近滩肩的岸滩剖面上以测试其应对突变波浪条件、保护海岸的效果。然而，目前对于此类将人工沙坝铺设在反射型海滩剖面上以应对气候变化的研究较少，无法给本实验提供相关的人工沙坝设计经验。因此在本实验中，反射型海滩剖面上的人工沙坝铺设在闭合水深以内，重点考察人工沙坝坝顶水深(h_c)对风暴条件下海岸防护效果的影响。保持人工沙坝的形状不变，通过在滩肩剖面上改变人工沙坝在向离岸的位置从而改变 h_c。

2.4.2 过渡型剖面上人工沙坝设计参数

过渡型海滩剖面上往往有天然沙坝的存在,根据以往的原型海岸人工沙坝养滩实践[19,22],在本实验中将人工沙坝铺设在天然沙坝的向海侧或向岸侧坝谷中。各个实验组中的入射有效波高(H_{s0})、谱峰周期(T_p)、填沙后海滩剖面冲淤判数(Ω_2)、人工沙坝坝顶水深(h_c)以及人工沙坝与外沙坝的体积比(V_b/V_0)如表2.4.1所示。实验编号中,S代表风暴条件(Storm),R代表反射型剖面(Reflective),I代表过渡型剖面(Intermediate)。

表 2.4.1 风暴条件下的实验组次

实验编号	剖面类型	H_{s0}(m)	T_p(s)	Ω_2	h_c(m)	V_b/V_0
SRV_1	反射型	0.16	1.6	3.33	0.12	0.25
SRV_2	反射型	0.16	1.6	3.33	0.11	0.25
SRV_3	反射型	0.16	1.6	3.33	0.09	0.25
SRV_4	反射型	0.16	1.6	3.33	0.07	0.25
SI_1	过渡型	0.16	1.6	3.33	0.13	1.00
SI_2	过渡型	0.16	1.6	3.33	0.22	1.00

2.5 常浪条件下的实验设计

与风暴条件下的实验工况相比,常浪条件下的实验设计除了考虑到人工沙坝设计参数的变化,同时还考虑了波浪条件的影响。在人工沙坝填造后,控制第二阶段的入射波浪条件,使 $\Omega_1 < \Omega_2$、$\Omega_1 = \Omega_2$、$\Omega_1 > \Omega_2$,其中下标1和2分别代表塑造初始剖面和填沙后的无量纲冲淤判数,模拟不同波浪作用下人工沙坝的向离岸迁移与形态演变。因此,除了图2.4.1中所示的组次外,常浪条件下,还在反射型海滩剖面闭合水深处铺设了与天然沙坝体积相当的人工沙坝。具体常浪条件下的实验组次如表2.5.1所示。实验编号中,M代表常浪条件(Moderate),其他字母意义同前。尽管MR_1与MR_5的波浪条件和填沙体积一样,但MR_5的向海侧边坡坡度小于向岸侧边坡坡度,两侧的坡度之比为0.67∶1。

表 2.5.1 常浪条件下的实验组次

实验编号	海岸类型	H_{s0}(m)	T_p(s)	Ω_2	h_c(m)	V_b/V_0
MRV_1	反射型	0.05	2.5	0.69	0.07	0.25
MRV_2	反射型	0.05	2.5	0.69	0.09	0.25
MRV_3	反射型	0.05	2.5	0.69	0.11	0.25
MR_1	反射型	0.05	2.5	0.69	0.07	1.00
MR_2	反射型	0.05	2.0	0.86	0.07	1.00
MR_3	反射型	0.05	1.0	1.67	0.07	1.00
MR_4	反射型	0.10	2.5	1.38	0.07	1.00
MR_5	反射型	0.20	2.5	2.76	0.07	1.00
MR_6	反射型	0.05	2.5	0.69	0.07	0.67
MI_1	过渡型	0.05	2.5	0.69	0.13	1.00
MI_2	过渡型	0.05	2.5	0.69	0.22	1.00

2.6 比尺关系探讨

相似原理是物理模型实验的理论基础,两个物理现象相似指的是两个物理现象的相应点上所有表征运动状况的物理量都维持各自的固定比例关系[118]。本实验不针对特定的原型海岸,实验的主要原则是在充分认识动力规律和兼顾实验条件的基础上,设计合理的人工沙坝地形、模型沙和具有代表性的波浪条件,复演沙坝和滩肩等地貌形态的形成演变特征。Hideaki[119]指出,在模拟沙质海岸剖面形态演变时应重点满足模型与原型的 Ω 相等。此后,Baldock 等[38,120]、Alsina 等[121]、Atkinson 和 Baldock[122]在开展实验室水槽中海滩剖面演变模拟的研究时,均以满足模型海岸与原型海岸 Ω 相等为控制比尺关系的主要原则。本实验中,生成反射型剖面的 $\Omega=0.86$,这与前人基于现场观测总结出的反射型海滩剖面的 $\Omega<1$ 一致。生成过渡型剖面的 $\Omega=3.33$,地形从初始的斜坡逐渐演变成为沙坝剖面。本实验中选取的 Ω 与前人研究中所选取的接近,如 Eichentopf 等[116]开展的原型水槽实验,生成对应剖面的 $\Omega=3.34$。在这种波浪条件下,该实验中生成的地形剖面为双沙坝剖面,且形状与本实验中生成的过渡型剖面类似,说明本实验的实验结果符合物理规律。

2.7　本章小结

本章介绍了人工沙坝养滩物理模型实验,简述了实验仪器、实验流程和实验工况。重点介绍了两种不同动力条件下入射波浪要素的设计,以及两种不同背景剖面形态上人工沙坝设计参数的选取。

实验中主要采用海滩剖面冲淤判数 Ω 表征波浪条件的大小,常浪条件下 Ω 的变化范围为 $0.69\sim2.76$,风暴条件下 $\Omega=3.33$。在预实验生成的背景反射型剖面和过渡型剖面上铺设三角形人工沙坝。反射型剖面上人工沙坝铺设在闭合水深以内,通过调整人工沙坝位置改变人工沙坝坝顶水深。过渡型剖面上人工沙坝被铺设在天然外沙坝的向海侧斜坡或向岸侧坝槽内。

通过与前人开展的物理模型实验进行比较,本实验中选取的 Ω 与前人研究中所选取的接近,本实验的地形剖面演变与前人的大水槽实验结果类似,说明本实验的实验结果符合物理规律。本章中的实验为第三章的人工沙坝剖面形态演变规律分析、第四章的波浪传播变形特性分析以及第五章的海滩剖面演变数学模型验证提供实测数据。

第三章
波浪作用下人工沙坝剖面形态演变规律

基于第二章介绍的物理模型实验，本章重点分析在风暴条件下和常浪条件下近岸人工沙坝的地形剖面演变规律。对其的传统认知主要来源于对天然沙坝的现场观测，一般认为风暴条件下沙坝离岸迁移[123]，在常浪条件下沙坝向岸迁移[29]，这些是否适用于人工沙坝仍需进一步研究。本章的研究内容分为两个层次：其一，人工沙坝可被视为天然海岸上的一种地形扰动，在波流等动力因素的作用下其本身的剖面形态会逐渐适应当地的水动力条件；其二，人工沙坝的存在也会对天然海岸上其他部分的地貌造成影响，与后方滩肩产生地貌形态耦合作用。本章分别分析了风暴条件下和常浪条件下人工沙坝剖面形态演变规律，重点研究人工沙坝与滩肩之间的地貌形态耦合作用。

3.1 风暴条件下人工沙坝剖面形态演变规律

3.1.1 人工沙坝剖面形态变化

反射型剖面上人工沙坝剖面形态变化如图 3.1.1 所示（组次 SRV_1～SRV_4）。总体而言，这 4 个组次的人工沙坝演变呈现出相似的规律。地形演变较为明显的区域出现在人工沙坝区域和滩肩区域。在 $x=0\sim6$ m 区域，地形几乎没有发生变化，因而未画出。在风暴条件下，人工沙坝形态逐渐耗散，向海侧侵蚀的泥沙堆积在人工沙坝的向岸侧，总体表现为人工沙坝向岸迁移,沙坝坝顶水深逐渐变大,沙坝两侧坡度逐渐变缓。与此同时,后方滩肩的冲淤变化与人工沙坝的形态相关。在初始时刻,后方滩肩得到了较好的保护,然而当人工沙坝形态逐渐耗散时,后方滩肩出现了大量的侵蚀。在每个组次的最终时刻,岸线后退与滩肩前缘坡度变缓都较为明显。由此可见,人工沙坝的遮蔽效应与人工沙坝自身的稳定性有关,人工沙坝的稳定性越强,其遮蔽效应也更为持久。

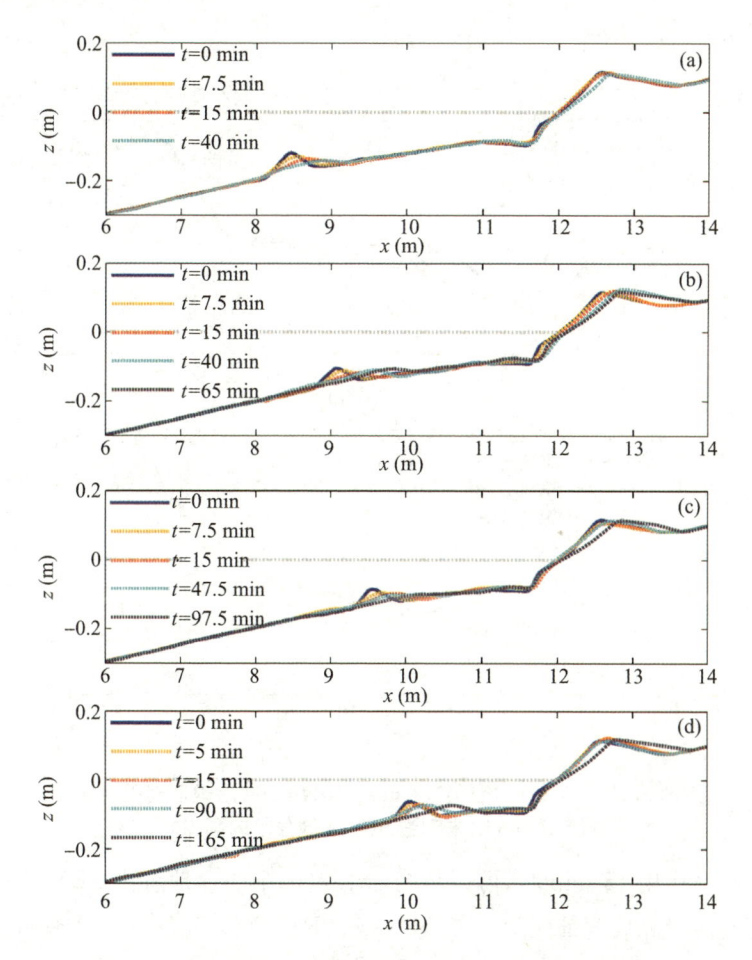

图 3.1.1 风暴条件下反射型海滩剖面上人工沙坝地形演变
(a)SRV_1;(b)SRV_2;(c)SRV_3;(d)SRV_4

为了进一步分析铺设不同人工沙坝对地形剖面的影响,在图 3.1.2 中比较了相同波浪分别作用 7.5 min 和 15 min 时的地形剖面,发现当波浪作用 7.5 min 后,人工沙坝地貌形态出现明显的相似性,SRV_1、SRV_2 和 SRV_3

的向海侧坡度分别为 0.133、0.138 和 0.105，说明在波浪作用 7.5 min 后，SRV_1 和 SRV_2 的向海侧坡度几乎相等，而 SRV_3 的向海侧坡度较缓。其向岸侧的坡度分别为 −0.083，−0.097，−0.073，说明在波浪作用 7.5 min 后，SRV_1、SRV_2 和 SRV_3 的向岸侧坡度变化不大，人工沙坝铺设位置对人工沙坝向岸侧坡度的影响不明显。这里坡度正值代表斜坡的法线方向与波浪入射方向的夹角小于 90 度，负值代表斜坡的法线方向与波浪入射方向的夹角大于 90 度。

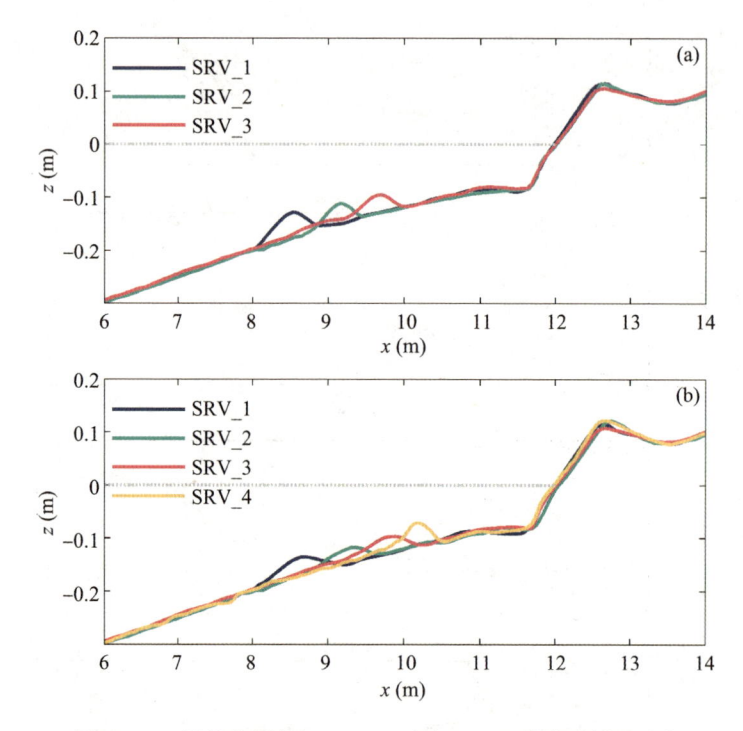

图 3.1.2　波浪作用(a)7.5 min；(b)15 min 后地形剖面对比
(7.5 min 时未测量 SRV_4 地形故未画出)

当波浪作用 15 min 时，可以从图 3.1.2(b)中明显地看出 SRV_4 的向海侧坡度与向岸侧坡度都明显大于 SRV_1、SRV_2 和 SRV_3。这说明当人工沙坝足够靠近岸边时，人工沙坝的剖面形态反而更显著。传统认知通常认为越靠近岸边水深越浅，波浪破碎与泥沙运动更为剧烈，人工沙坝的剖面形态更容易耗散。随着人工沙坝靠近岸边铺设，波浪在人工沙坝上方破碎后会在沙坝与岸边之间的区域形成较陡的水面坡降，因此该区域辐射应力驱动较强的底部离岸流会携带此处的泥沙向海输运，最终填补到人工沙坝上，从而更好地维持着人工沙坝的剖面形态。从图 3.1.2(b)中可以明显地看出,SRV_4 中 10.5～11.5 m 区域出现了明显的侵蚀。通过比较滩肩的变化可以发现,SRV_4 组次中人工沙坝对滩肩的遮蔽效应最好,与另外 3 个组次相比,SRV_4 组次中的滩肩受到波浪作用的侵蚀最小,这说明了人工沙坝越靠岸铺设,坝顶水深越小,对滩肩的遮蔽效应越明显。

过渡型剖面上人工沙坝地貌形态变化如图 3.1.3 所示(组次 SI_1 和 SI_2)。从图 3.1.3 中可以看出过渡型剖面上特征地形较为丰富,存在人工沙坝、天然外沙坝、天然内沙坝以及逐渐发育的滩肩。人工沙坝在波浪的作用下逐渐耗散,两侧坡度变缓,坝槽形态逐渐消失并呈现出轻微的向岸迁移趋势。组次 SI_1 中的人工沙坝铺设在天然外沙坝的坝槽之中,人工沙坝受坝槽的限制,向岸迁移的趋势较弱,补沙的泥沙最终填补到天然外沙坝的坝槽之中,类似的现象在荷兰 Terschelling 海岸上曾被观测到[27]。组次 SI_2 中人工沙坝铺设在天然外沙坝的向海侧,在波浪的作用下人工沙坝两侧边界逐渐向两侧拓宽,两侧坡度变缓,人工沙坝形态逐渐消失,这与 1990 年荷兰 Egmond 海岸补沙后呈现出的人工沙坝演变规律类似[19]。天然外沙坝与人工沙坝的泥沙交换过程最明显,在组次 SI_1 中天然外沙坝形状几乎没有发生改变,由于人工沙坝泥沙的填补,天然外沙坝的坝槽形态逐渐消失,在 $x=6\sim10$ m 的区间内,地形变得更为平整。在组次 SI_2 中,人工沙坝的沙源补充使得天然外沙坝得到了形态上的拓宽,外沙坝的坝槽形态更加显著。在人工沙坝和天然外沙坝的掩护下,内沙坝逐渐向岸迁移,滩肩不断淤长,滩肩顶被抬高,滩肩前缘坡度变陡。

由上述地形分析可发现,人工沙坝在风暴条件下的地貌形态响应规律与天然沙坝不一致。以往达成的共识是天然沙坝在风暴条件下离岸迁移,主要受制于强烈的底部离岸流和由波浪破碎引起的水体高浓度含沙量。因此,天然沙坝与当地的水动力条件具有匹配性,比如:沙坝坝顶的位置通常对应主要破波点的位置,底部离岸流流速最大值通常出现在沙坝向岸侧;而人工沙坝不仅与当地的水动力条件不匹配,而且会对当地的波浪传播和泥沙运动特性产生影响。因此,人工沙坝与天然沙坝在风暴条件下的地形剖面演变模式不同。与天然沙坝相比,人工沙坝的向海侧边坡更陡,坝顶水深更浅。

为了定量描述人工沙坝海滩剖面演变规律,对人工沙坝和后方掩护区的滩肩剖面形态参数进行定义。如图 3.1.4 所示,坝顶水深(h_c)代表静水位到人工沙坝顶点的竖直高度;人工沙坝的向海侧坡度(s_{off})和向岸侧坡度(s_{on})分

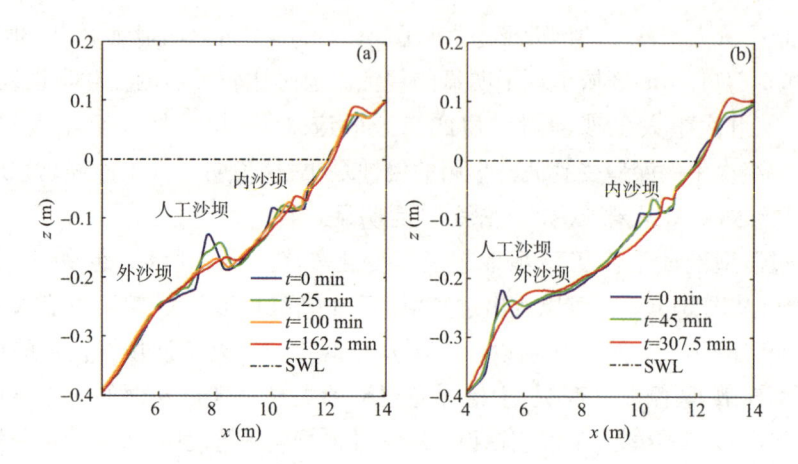

图 3.1.3　风暴条件下过渡型海滩剖面上人工沙坝地形演变(a)SI_1;(b)SI_2

别代表人工沙坝坝顶到两侧边坡坡脚的平均坡度;人工沙坝的坝高(h_{bar})代表坝顶到预填沙海岸的竖直距离。岸线位置是指静水位与地形的交界点。滩肩前缘坡度(tan$b$)是指滩肩顶到岸线之间的平均坡度。滩肩高(H_b)指代滩肩顶到静水位的垂直距离。滩肩翻转(tanθ)指代滩肩顶到初始填沙时刻岸线位置与静水位线之间的夹角[124]。

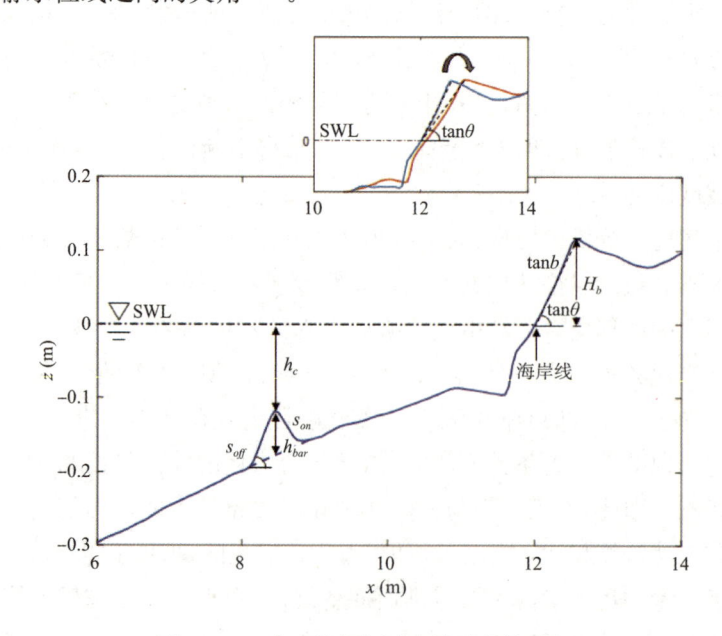

图 3.1.4　人工沙坝与滩肩地形参数定义

图 3.1.5(a)给出了人工沙坝坝高随时间变化的过程。坝高变化量(Δh_{bar})定义为瞬时坝高与初始时刻坝高(人工沙坝填沙后的坝高)之差：

$$\Delta h_{bar} = h_{bar} - h_{bar0} \tag{3.1.1}$$

式中：下标 0 代表初始时刻的物理量。由于波浪作用的时间远大于谱峰周期(量值上是谱峰周期的数千倍)，为了数值表示的方便，将波浪作用时间与谱峰周期的 1 000 倍进行无量纲化：

$$T_N = t/1\,000\,T_p \tag{3.1.2}$$

从图 3.1.5(a)中可以看出，人工沙坝坝高随时间逐渐变小。当 $T_N < 2.4$ 时，沙坝坝高几乎减小了一半，说明人工沙坝在这段时间内遭受了严重的侵蚀，此后人工沙坝的侵蚀速率减慢。超过 3 cm 的坝高在 $0 < T_N < 2.4$ 时间段内被波浪侵蚀，剩余的 2 cm 的坝高衰减所需时间几乎为 $T_N = 12$。

为了量化波浪作用下人工沙坝的稳定性，提出了人工沙坝养滩半衰期(T_{half})的概念，定义为人工沙坝坝高衰减至初始坝高的一半所需要的时间。如图 3.1.5(b)所示，在反射型剖面上，T_{half} 的变化范围为 0.70～5.72；在过渡型剖面上，T_{half} 的变化范围为 3.38～9.12。尽管过渡型剖面上填沙的体积是反射型海滩剖面上的 4 倍，但是组次 SRV_4 的半衰期却大于 SI_1，即 SRV_4 的稳定性强于 SI_1，这说明了人工沙坝的稳定性并不是由填沙体积决定的。图 3.1.5(c)给出了半衰期与初始坝顶水深与坝高比值(h_{c0}/h_{bar})的关系，可以看出反射型剖面上 T_{half} 随着 h_{c0}/h_{bar} 的增大而减小，与图 3.1.1 中"反射型剖面上人工沙坝坝顶水深越小，其剖面形态越稳定"的现象一致。过渡型剖面上的组次 SI_2 呈现出了最大的 T_{half}，这是由于该组次离岸最远，铺设的水深最大，从而导致该区域的水动力较弱，人工沙坝最为稳定。如图 3.1.5(d)所示，人工沙坝半衰期随着初始时刻人工沙坝向海侧坡度的增大而延长，这是由人工沙坝陡坡引起的向海的重力输沙部分抵消了风暴浪向岸的扩散输沙造成的。在图 3.1.5(e)中，没有发现人工沙坝半衰期与初始时刻人工沙坝向岸侧坡度之间的明显关系。

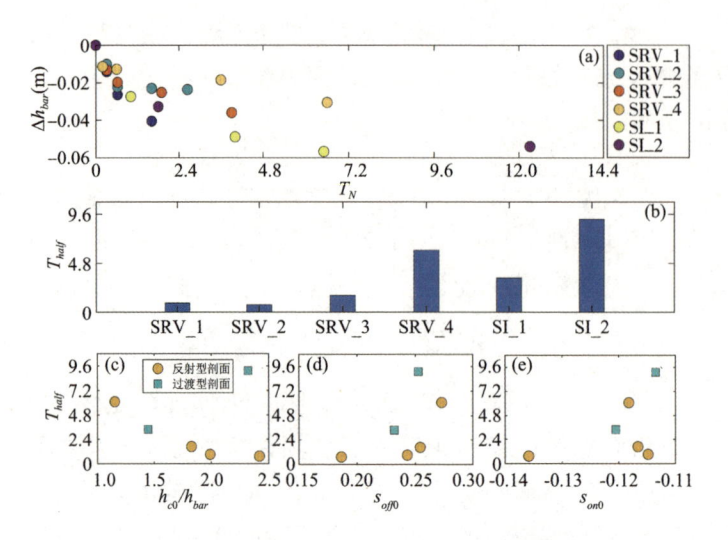

图 3.1.5 (a)人工沙坝坝高随时间的变化过程；(b)各个组次的人工沙坝半衰期；(c)半衰期与初始坝顶水深的关系；(d)半衰期与初始向海侧坡度的关系；(e)半衰期与初始向岸侧坡度的关系

人工沙坝两侧坡度随时间变化的趋势如图 3.1.6 所示，该图的图例与图 3.1.5(a)一致。如图 3.1.6 所示，坡度变化在波浪刚开始作用时较为明显。例如组次 SRV_3 的向海侧坡度在 $0 < T_N < 2.4$ 时间段内从 0.2 减小到 0.08，此后所有组次的坡度开始趋于稳定。如图 3.1.6 所示，人工沙坝两侧坡度随时间的变化规律可以采用 2 条双曲正切函数表示，相关系数的平方(R^2)分别为 0.9 和 0.7。

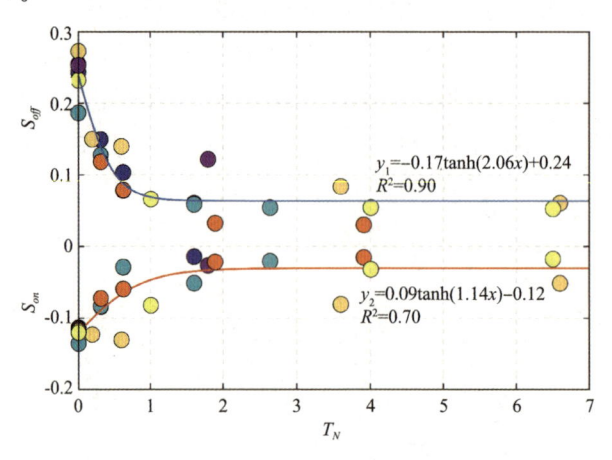

图 3.1.6 人工沙坝两侧坡度随时间变化关系

3.1.2 人工沙坝影响下的海滩剖面演变

3.1.2.1 海滩剖面的冲淤变化规律

海滩剖面的冲淤变化规律采用经验正交函数分解（Empirical Orthogonal Function，EOF）分析。EOF 分析被广泛应用于海滩剖面地形随时间变化的分析中[125]。需要注意的是，EOF 分析仅仅是一种数据分析方法，并不涉及物理过程的分析。EOF 分析假定海滩剖面地形是一系列特征函数的总和，这些特征函数分别乘以不同的系数，表示为

$$h_{ik} = \sum_{n=1}^{N} C_{nk} e_{ni} \tag{3.1.3}$$

式中：h 代表水深；e_{ni} 代表第 n 阶空间变化经验正交函数，i 代表剖面上的位置；常数 C_{nk} 表示第 k 次地形测量中第 n 阶经验正交函数的系数。EOF 分析与傅里叶分析极为相似，区别在于傅里叶分析法中经验正交函数为正弦函数或余弦函数。

经验正交函数之间彼此独立，则有：

$$\sum_{i=1}^{I} e_{ni} e_{mi} = \delta_{nm} \tag{3.1.4}$$

式中：δ_{nm} 为克罗尼克符号，当 $m=n$ 时，$\delta_{nm}=1$，除此之外 $\delta_{nm}=0$。采用拉格朗日乘数法计算经验正交函数：

$$\boldsymbol{A} e_{ni} = \lambda_n e_{ni} \tag{3.1.5}$$

式中的特征值 λ_n 和特征矩阵 $\boldsymbol{A}$ 的计算采用 Pan 等[12]、Dean 和 Dalrymple[125]以及 Miller 和 Dean[126]提出的方法计算。式（3.1.3）中的系数 C_{nk} 采用式（3.1.6）计算：

$$C_{nk} = \sum_{i=1}^{I} h_{ik} e_{ni} \tag{3.1.6}$$

更多关于 EOF 的介绍可以参考 Dean 和 Dalrymple 所著文献[125]。

组次 SRV_1～SRV_4 的第一至第三经验正交函数如图 3.1.7 所示。第一经验正交函数 EOF1 代表时均海滩剖面高程，从图 3.1.7 中可以明显看出人工沙坝地形平均后在填沙区域仍有明显的凸起，与天然沙坝不同，EOF1 不能表示天然沙坝的平均地形。类似的现象在 Pan 等[12]和杨玉宝等[127]对秦皇

岛低能砂质海岸人工沙坝的研究中也有报导。与图 3.1.1 中的初始填沙位置相比，人工沙坝的平均地形更靠岸，这也从侧面说明了人工沙坝在风暴条件下是向岸迁移的。第二经验正交函数 EOF2 代表地形剖面的冲淤变化，顺着波浪从外海向岸传播的方向，可以看出各个组次的第一谷值出现在人工沙坝的上方，这意味着人工沙坝区域受到冲刷；第二个明显的谷值出现在滩肩的前缘斜坡处，说明该区域也受到了冲刷。由于在断面上泥沙体积守恒，受到冲刷的泥沙会在附近堆积，第一个峰值出现在人工沙坝向岸侧，说明人工沙坝受到侵蚀的泥沙在其向岸侧堆积；第二个峰值出现在滩肩的陆地一侧，说明滩肩前缘受到侵蚀的泥沙在漫滩的作用下堆积在此处。第三经验正交函数 EOF3 代表地形坡度的变化，第一谷值出现在人工沙坝上方，人工沙坝的向岸迁移导致原本填沙位置处的坡度变缓；第二个谷值出现在滩肩前缘台阶

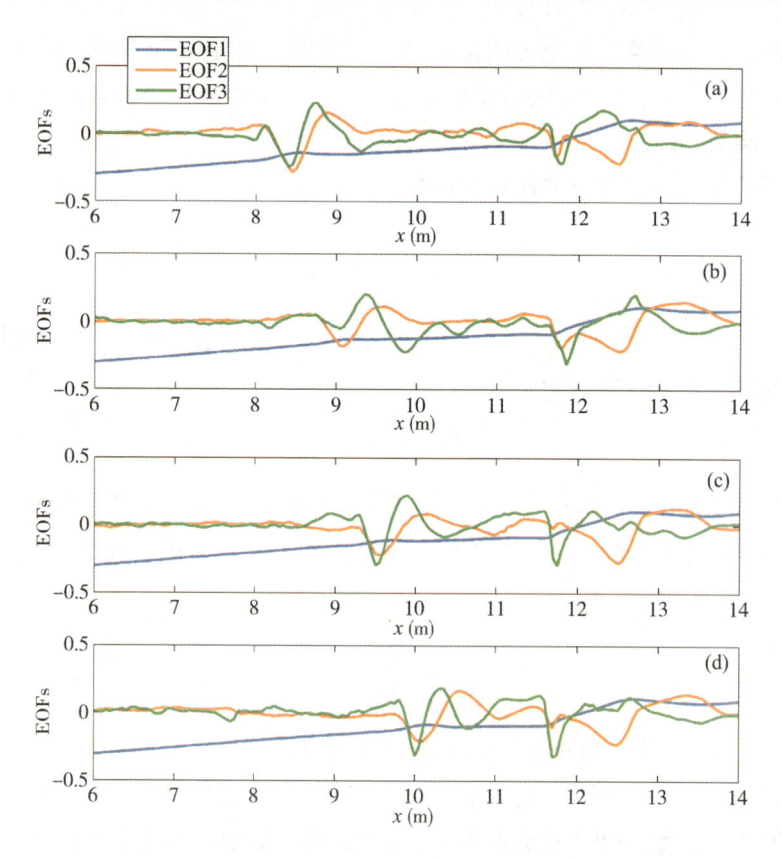

图 3.1.7　反射型剖面上组次(a)SRV_1;(b)SRV_2;(c)SRV_3;(d)SRV_4 的经验正交函数，EOF1 代表第一经验正交函数，EOF2 代表第二经验正交函数，EOF3 代表第三经验正交函数

处，冲泻区的泥沙冲刷使得该区域的坡度变缓；第三个谷值出现在滩肩的陆地一侧，漫滩泥沙的堆积也造成了该区域的坡度变缓。对应地，第一个峰值出现在人工沙坝的向岸侧，人工沙坝的向岸迁移使得人工沙坝向岸侧的坡度变陡；第二个峰值的位置没有统一的规律，组次 SRV_1 和 SRV_3 的第二峰值出现在滩肩前缘斜坡处，组次 SRV_1 的第二峰值出现在滩肩顶，组次 SRV_4 没有明显的第二峰值。

过渡型海滩剖面上组次 SI_1 和 SI_2 的经验正交函数如图 3.1.8 所示。第一经验正交函数显示出了平均人工沙坝和滩肩地形，没有显示天然沙坝的平均地形。第二经验正交函数在剖面上显示出多个峰谷值，第一个谷值出现在人工沙坝上方，人工沙坝上方泥沙被侵蚀，人工沙坝的形态逐渐衰减；第二个谷值出现在内沙坝上方，内沙坝向岸迁移；第三个谷值出现在岸线前，该区域的泥沙在上爬水流的携带下翻越滩肩顶，沉积在滩肩的陆侧。根据泥沙体积守恒，两个峰值出现在人工沙坝的两侧，说明侵蚀的泥沙被扩散到了两侧。天然内沙坝的向岸侧以及滩肩顶分别出现两个峰值，对应了天然内沙坝的向岸迁移以及滩肩的逐渐形成。第三经验正交函数的峰值出现在人工沙坝的向岸侧以及内沙坝的向岸侧，对应了人工沙坝与内沙坝的向岸迁移。由于外沙坝较为稳定，因此外沙坝上方的经验正交函数图形较为平缓。

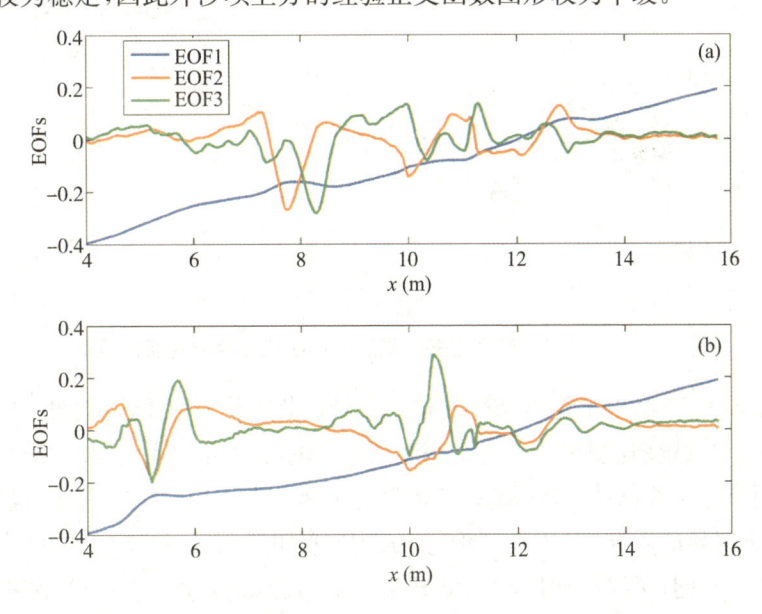

图 3.1.8　过渡型剖面上组次(a)SI_1；(b)SI_2 的经验正交函数

3.1.2.2 岸线位置变化

岸线的一般定义为陆地与海洋的交界,根据时间尺度和研究目的的不同,岸线的具体定义也不相同[128]。本研究以波浪作用为主,不考虑潮位的变化,将岸线定义为静水位与地形的交界线[116,121]。图 3.1.9 给出了组次 SRV_1～SRV_4 中岸线位置变化随时间的变化(x_s-x_{s0},x_s 代表岸线位置,下标 0 代表初始时刻岸线位置)。岸线位置变化为正值代表岸线后退,反之则代表岸线前进,可以发现岸线位置前进/后退的量值均小于 0.1 m。在波控海岸中,岸线变化的幅值相对较小,这一现象在前人的研究中也有被发现[116,129]。在波浪刚开始作用的一段时间内,岸线的位置相对稳定,比如组次 SRV_1 中,$T_N<0.6$;组次 SRV_2 中,$T_N<0.4$;组次 SRV_3 中,$T_N<1.9$;组次 SRV_4 中,$T_N<3.7$ 时,岸线的位置变化量值比较小。特别是在组次 SRV_1 和 SRV_3 中,出现了岸线位置变化为负值的情况,这说明了人工沙坝的遮蔽效应使得岸线向海侧推进。当波浪作用一段时间后,人工沙坝的形态逐渐衰减,岸线位置后退量也随之增加。

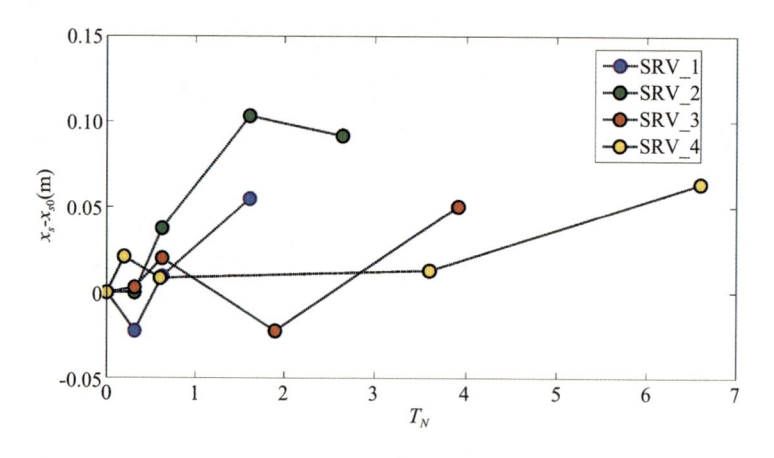

图 3.1.9 反射型剖面上各个组次的岸线位置随时间变化趋势

图 3.1.10 给出了组次 SI_1 和 SI_2 中岸线位置变化随时间的变化。SI_1 中的岸线变化规律与反射型海滩剖面上的组次类似,由于人工沙坝在初始时刻形态显著,对后方区域的遮蔽效应显著,因此岸线在初始时刻较为稳定,没有明显的后退;当 $T_N>4$ 时,岸线才出现明显的后退。SI_2 中的岸线变化规律则不同,岸线在初始时刻就开始明显后退,这是由于在该组次中人工沙坝铺设的位置处水深较大,人工沙坝的遮蔽效应较弱。

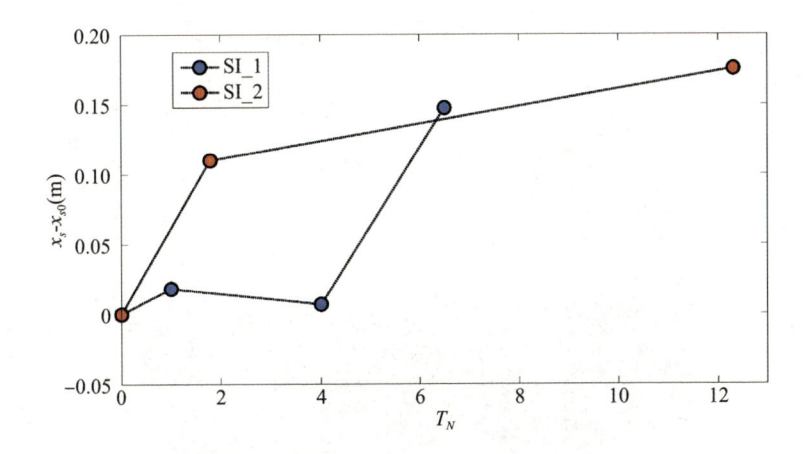

图 3.1.10　过渡型剖面上各个组次的岸线位置随时间变化趋势

3.1.2.3　漫滩泥沙体积变化

漫滩是一种在风暴条件下常见的海洋灾害，通常出现在滩肩、沙丘或者障壁岛后方[78]。当挟沙水流翻越过滩肩/沙丘顶后，由于地形障碍或其他因素不能返回海里，此时便出现了漫滩过程。漫滩是风暴条件下的一种向岸输沙的过程[130]，在强烈挟沙水流的冲击下，对干滩地形的塑造和泥沙重分布有显著的影响[78,79,130-140]。Figlus 等[141]发现，漫滩过程的输沙率主要与风暴前沙丘的几何形态有关，然而由于该研究只采用了一种波浪条件，因此不能说明入射波浪条件的影响。Matias 等[135]基于现场观测和数值模拟技术，分析了漫滩过程的影响因素，认为入射波高、近岸地形、泥沙粒径和水位都是影响漫滩过程的主要因素。还有一些研究着眼于分析飓风条件下单个漫滩过程[78]，或者研究特定海岸的漫滩频率[134]。

铺设海岸工程建筑物可以有效地减小漫滩过程的侵蚀，Kobayashi 等[133]研究了不透水海墙上的越浪与漫滩过程。Kobayashi 和 Kim[142]发现石砌斜面海堤可以有效地减小越浪与漫滩过程。到目前为止，有关人工沙坝与漫滩过程关系的研究还较少。类似于潜堤和防波堤，人工沙坝同样能改变到达岸边的波能，从而影响越浪与漫滩的过程。本节初步探索了漫滩泥沙体积与人工沙坝形态参数的关系。

图 3.1.11 中展示了实验中风暴条件下的一次漫滩事件，上爬水流挟带泥沙翻越滩肩顶到达滩肩的陆侧。水层厚度逐渐减小，在滩肩顶部仅观测到很薄的水层。为了方便量化，将漫滩泥沙体积(V_s)定义为在初始剖面上方的瞬

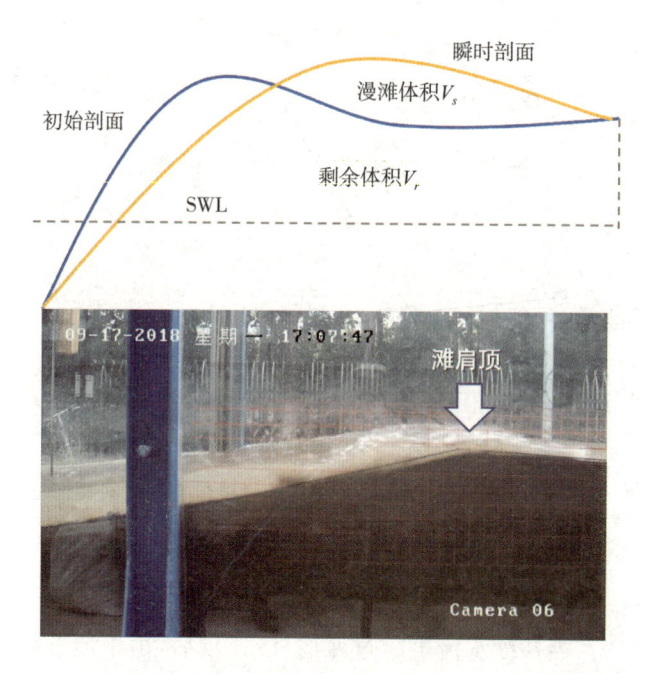

图 3.1.11 漫滩泥沙体积示意图与实验现场中拍摄的漫滩事件

时剖面的体积;瞬时剖面的剩余体积(V_r)为瞬时岸线以上、漫滩泥沙以下的体积;瞬时剖面滩肩的总体积为两者之和。计算漫滩体积与剩余体积时,陆侧的边界取为漫滩高度为 0 的位置。相对漫滩泥沙体积(V_s/V_r)随时间变化的规律如图 3.1.12 所示。

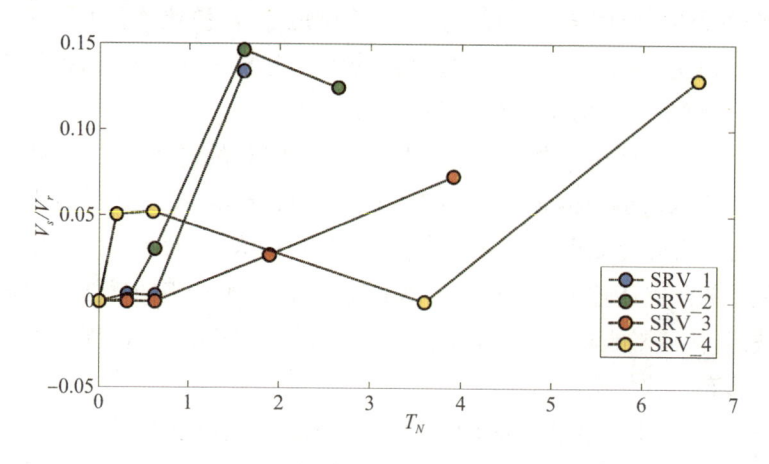

图 3.1.12 相对漫滩泥沙体积随时间变化趋势

风暴条件下，漫滩泥沙体积总体随时间的推移增大。漫滩泥沙体积与剩余滩肩体积的比值小于 0.15。与岸线随时间变化的趋势类似，初始时刻漫滩泥沙体积较小，在波浪作用一段时间后，漫滩泥沙体积逐渐变大，这一现象仍是与人工沙坝遮蔽效应的动态性有关。见图 3.1.12 中组次 SRV_4，当波浪刚开始作用时，漫滩泥沙体积便开始增大，这是由于人工沙坝铺设位置离岸边较近，波浪破碎引起的增水抬高了岸边的时均水位，增加了滩肩被漫滩的风险[143]。

漫滩过程受到波浪传播过程中经历过的地形的影响。人工沙坝与滩肩前缘陡坡都是影响漫滩过程的关键因素。图 3.1.13 给出了相对漫滩泥沙体积随人工沙坝向海侧坡度变化值（s_{off}/s_{off0}）、滩肩前缘坡度变化值（$\tan b/\tan b_0$）和人工沙坝相对坝顶水深 $[h_c/(h_c+h_{bar})]$ 的变化趋势。

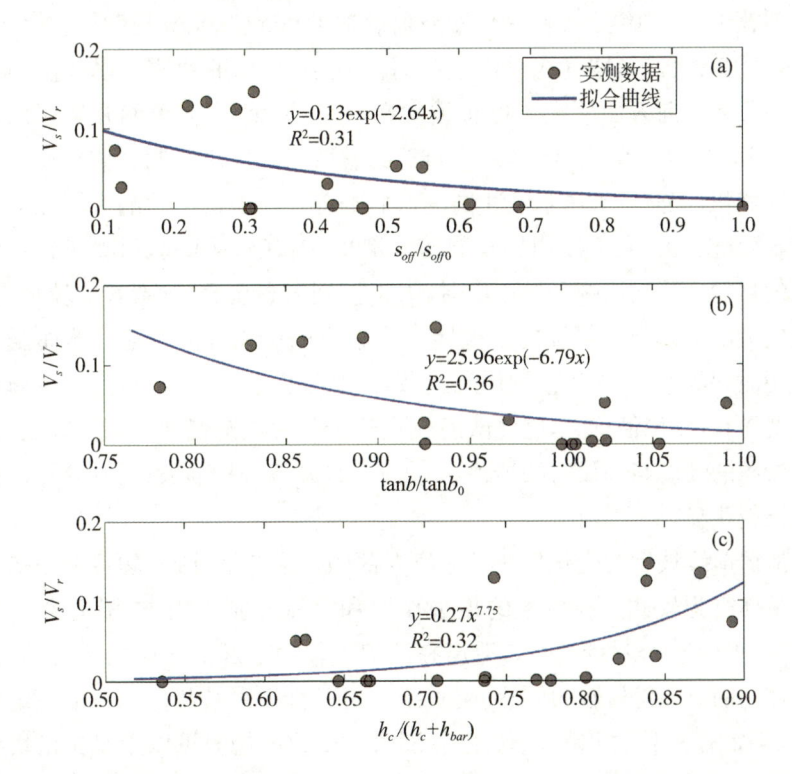

图 3.1.13　相对漫滩泥沙体积与(a)人工沙坝向海侧坡度变化值；(b)滩肩前缘坡度变化值；(c)人工沙坝相对坝顶水深之间的关系

从图 3.1.13 中可以看出，相对漫滩泥沙体积总体上随着 s_{off}/s_{off0} 和 $\tan b/\tan b_0$ 的增大而减小，随 $h_c/(h_c+h_{bar})$ 的增大而增大。这三个关系的相关系数平方 R^2 分别为 0.31、0.36 和 0.32。当 s_{off}/s_{off0} 减小，$h_c/(h_c+h_{bar})$ 增大

时,人工沙坝向海侧坡度变缓,坝顶水深变大,人工沙坝形态衰减,其遮蔽效应减弱。此时到达岸边的波能变大,漫滩频率与强度也会相应变大。当 $\tan b/\tan b_0$ 增大时,滩肩前缘坡度越陡,水流上爬高度将受到抑制,漫滩频率将会减小[144]。

3.1.3 人工沙坝与滩肩的地貌耦合作用

3.1.3.1 滩肩几何形态变化

为了研究人工沙坝与滩肩的地貌形态耦合作用,选取组次 SRV_1~SRV_4作为研究对象,因为这些组次有发育成熟的滩肩地貌。采用图 3.1.4 中定义的滩肩前缘坡度($\tan b$)和滩肩翻转($\tan \theta$)描述滩肩地貌形态响应模式。图 3.1.14(a)给出了归一化滩肩前缘坡度($\tan b/\tan b_0$)随时间变化的趋势。在风暴条件下,坡度在总体上随时间减小,类似的沙质海岸坡度与波浪条件的关系在前人的研究中也有被发现[145]。然而,在波浪刚开始作用的时刻($0<T_N<0.6$),$\tan b/\tan b_0 > 1$,这意味着滩肩在经历冲刷之前出现了局部短暂的淤积,即滩肩对风暴浪冲刷的滞后响应。滩肩的滞后响应与人工沙坝的遮蔽效应有关,人工沙坝具有能使波浪提前破碎,从而达到改变到达滩肩波能的目的。当波浪刚开始作用时,人工沙坝形态显著,遮蔽效应较强,使得原本较大的可以导致侵蚀的波能转变为较小的淤积性的波能。然而随着波浪作用时间的增加,人工沙坝形态耗散,逐渐失去了遮蔽效应,此时滩肩前缘坡度变缓,处于侵蚀状态,因此滩肩先短暂淤积后逐渐侵蚀。可以看出,滩肩短暂淤积的强度与铺设时的坝顶水深(h_{c0})有关,h_{c0} 越小,淤积强度越大,滩肩滞后性越明显。

滩肩前缘坡度的变化反映了滩肩局部的地形特征,滩肩翻转则是描述滩肩的整体行为模式。在波浪的侵蚀作用和漫滩冲刷作用下,滩肩会发生翻转[124]。如图 3.1.14(b)所示,滩肩在波浪的作用下逐渐向岸翻转,在波浪刚开始作用的时刻翻转较为剧烈。当 $T_N>1$ 时,滩肩翻转趋向于一个稳定的值(0.7)。如图 3.1.14 所示,滩肩翻转随时间变化的趋势可以用双曲正切函数描述,相关系数为 0.88。滩肩翻转越剧烈说明初始的反射型海滩剖面地形与风暴波浪条件越不匹配。当波浪作用时间足够长时,滩肩将会达到平衡状态,这说明滩肩翻转可以用来描述相对较长时间尺度下的滩肩地形响应。此外,滩肩翻转先于整体海滩剖面达到平衡也说明了局部地形通常先于整体地形达到平衡[25]。

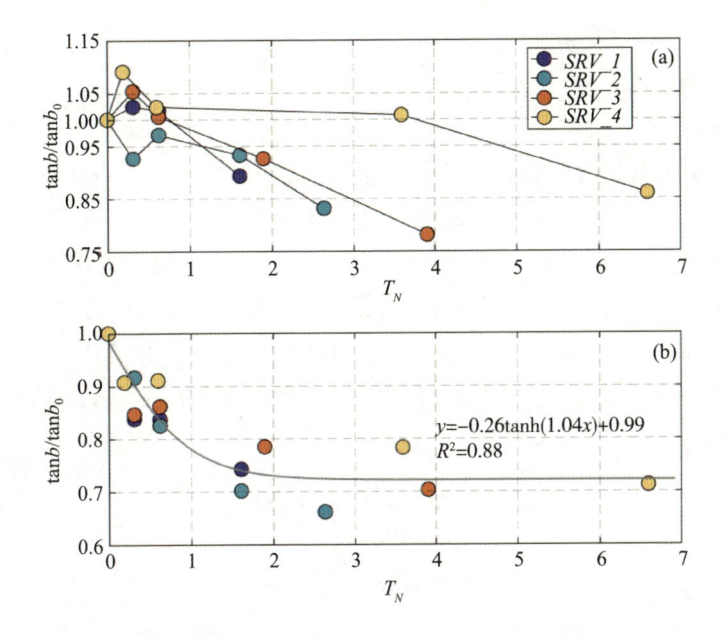

图 3.1.14 （a）滩肩前缘坡度随时间变化的关系；（b）滩肩翻转随时间变化的关系

3.1.3.2 人工沙坝-滩肩的地貌耦合关系

上下部海滩之间的地貌形态耦合与泥沙交换是最近的研究热点之一。Aagaard[32]基于现场实测数据衡量了上下部海滩剖面之间的泥沙交换。Marinho 等[40]采用半经验模型模拟了沙坝和滩肩之间的泥沙交换。由上述分析可知，在本实验中也存在着水下地形（人工沙坝）和水上地形（滩肩）之间强烈的耦合作用。人工沙坝通过改变到达滩肩的波浪条件，从而改变滩肩的泥沙收支和冲淤形态。一些经验性的无量纲参数通常被用来描述海滩状态，如海滩冲淤判数 Ω（Dean 数）、破波相似参数 ζ[146]，以及 Dean 数的变形形式[147]，然而这些经验参数并不能反映出人工沙坝对海滩状态的影响。

具体地说，入射波高为 0.16 m，谱峰周期为 1.6 s，剖面整体坡度为 1/20，因此破波相似参数 ζ 为 0.25，根据以往的研究[84,146]，说明破波带是饱和的，海滩处于侵蚀状态。由上述可知，通过铺设人工沙坝，可使得原本应该处于侵蚀状态的海岸出现短暂的淤积。因此，在用于判断海滩状态的无量纲参数中，应当体现人工沙坝形态参数的影响。在 Battjes[146]的研究基础上，本文提出了考虑人工沙坝向海侧坡度、人工沙坝坝顶水深以及人工沙坝坝高的破波相似参数 ζ_A：

$$\zeta_A = \left[\frac{s_{off}}{\sqrt{H_0/L_0}}\right] / \left(\frac{h_c}{h_c + h_{bar}}\right) \tag{3.1.7}$$

式中:右边分子项代表采用人工沙坝向海侧坡度的破波相似参数,该项越大说明波浪趋向于以卷破波的形式破碎,破波带不饱和,整个剖面以向岸输沙为主;分母代表人工沙坝的相对坝高,该项越小说明人工沙坝的坝顶水深越小或沙坝的坝高越大,意味着人工沙坝的遮蔽效应越好。当没有铺设人工沙坝时,方程(3.1.7)中的分母变成1,方程退化为传统的破波相似参数表达式[146]。

为了与水下地形和波况相适应,滩肩的变化主要出现在三个方面,分别是滩肩顶高程的变化(H_b/H_{b0}),滩肩前缘坡度的变化($\tan b/\tan b_0$)和滩肩整体翻转的变化($\tan\theta/\tan\theta_0$):

$$\psi = f\left(\frac{\tan b}{\tan b_0}, \frac{\tan\theta}{\tan\theta_0}, \frac{H_b}{H_{b0}}\right) \tag{3.1.8}$$

式中:ψ代表无量纲滩肩形态变化参数。H_b/H_{b0}、$\tan b/\tan b_0$、$\tan\theta/\tan\theta_0$大于1分别代表与刚铺设人工沙坝时相比,滩肩顶高程更高、滩肩前缘坡度变陡、滩肩整体向海翻转。因此,$\psi>1$表示与人工沙坝刚铺设时滩肩的状态相比,滩肩整体处于淤积状态。

式(3.1.8)等号右边三项与人工沙坝地貌形态的关系目前还不清晰。为了量化这些参数与考虑人工沙坝形态的破波相似参数的关系,结合图3.1.15所示的H_b/H_{b0}、$\tan b/\tan b_0$、$\tan\theta/\tan\theta_0$与ζ_A的对应关系,可以看出,$\tan b/\tan b_0$、$\tan\theta/\tan\theta_0$与ζ_A满足双曲正切函数,相关系数分别为0.65和0.83;但是H_b/H_{b0}与ζ_A没有明显的关系。这说明了滩肩顶高程的变化受人工沙坝形态变化的影响较小,因此在之后的人工沙坝-滩肩地貌形态耦合的分析中忽略这一项。

为了简化问题,进一步假定ψ是$\tan b/\tan b_0$和$\tan\theta/\tan\theta_0$的线性组合,为了保证当$\tan b/\tan b_0$和$\tan\theta/\tan\theta_0$都等于1时$\psi=1$,ψ可以写为

$$\psi = \alpha\frac{\tan b}{\tan b_0} + (1-\alpha)\frac{\tan\theta}{\tan\theta_0} \tag{3.1.9}$$

式中:α是常数,取值范围在0~1之间。α越大说明滩肩前缘坡度的变化对滩肩形态变化的贡献更大,滩肩翻转较小或忽略不计,通常出现在漫滩过程中频率较小的条件下;α越小说明滩肩翻转较为明显,通常出现在漫滩过程发生的频率较大或者滩肩后方存在潟湖的情况之下[148]。

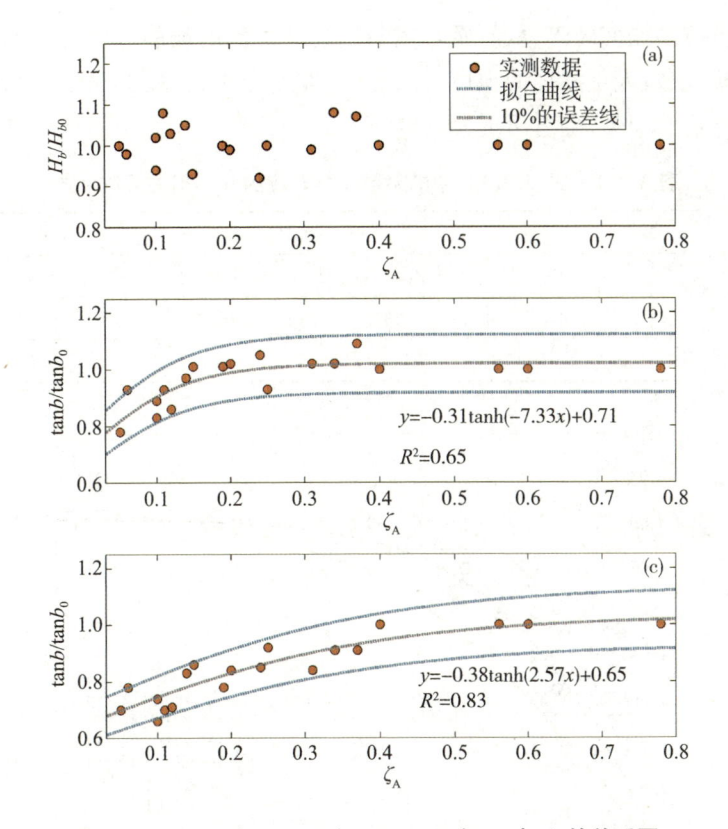

图 3.1.15　H_b/H_{b0}、$\tan b/\tan b_0$、$\tan\theta/\tan\theta_0$ 与 ζ_A 的关系图

滩肩形态变化参数 ψ 与考虑人工沙坝形态的破波相似参数 ζ_A 的关系如图 3.1.16 所示。ψ 与 ζ_A 满足双曲正切函数，其关系可以写为

$$\psi = A\tanh(B\zeta_A) + C \tag{3.1.10}$$

式中：A、B 和 C 为系数，它们的取值与式(3.1.9)中的 α 有关。表 3.1.1 给出了当 $\alpha=0.1$、0.5 和 0.9 时的 A、B、C 和对应的相关系数。如图 3.1.16 所示，ψ 随着 ζ_A 的增长而增长，并最终趋于稳定。这一滩肩-人工沙坝地貌形态的耦合关系揭示了滩肩的响应受制于人工沙坝形态参数。风暴条件下，当人工沙坝的坝顶水深较小、向海侧坡度较陡时滩肩受到的侵蚀较小。当 $\alpha=0.9$ 时，滩肩的冲淤变化主要体现在其前缘坡度的变化。在 $0.2<\zeta_A<0.4$ 的区间内 $\psi>1$，与初始时刻相比滩肩前缘坡度变陡，滩肩处于淤积的状态，与图 3.1.1 中的现象一致，说明铺设人工沙坝可以使得滩肩对风暴侵蚀的响应存在时间上的滞后性。这是由于人工沙坝较小的坝顶水深和较陡的向海侧边坡能使

绝大部分波浪提前破碎,从而显著减弱到达冲泻区的波能。随着人工沙坝的形态逐渐耗散,人工沙坝的坝顶水深变大,坡度变缓,ζ_A减小,$\psi<1$,此时滩肩响应的滞后性消失,随之出现大量侵蚀。

表 3.1.1 式(3.1.11)中的系数及其对应的 α 和相关系数平方

α	A	B	C	R^2
0.1	0.36	2.74	0.66	0.84
0.5	0.31	4.23	0.70	0.82
0.9	−0.31	−6.65	0.71	0.70

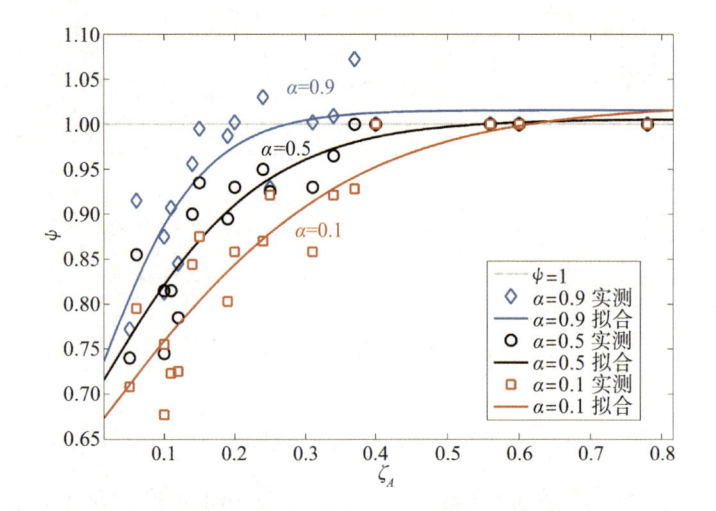

图 3.1.16 滩肩形态变化参数 ψ 与考虑人工沙坝形态的破波相似参数 ζ_A 的关系

当人工沙坝的坝顶水深较小时,人工沙坝的向岸迁移较为明显。类似的现象在 Grasso 等[149]开展的物理模型实验中也被观测到:当人工沙坝铺设在天然沙坝上方时,人工沙坝在风暴强度逐渐加大的过程中出现向岸迁移的趋势。下文中给出了人工沙坝在风暴条件下向岸迁移的一个可能的解释。如图 3.1.17 所示,从本实验使用的摄像机记录下的人工沙坝上方波浪的破碎过程中可以发现,大部分波浪在人工沙坝上方以卷破波的形式破碎。波浪从较为平缓的天然地形(破度 1/20)传播到人工沙坝向海侧陡坡(破度约 1/4),根据 Zhang 等[80]、Battjes[146]的研究,波浪破碎形式将从崩破波转变为卷破波。Aagaard 等[86]基于现场实测数据,发现卷破波产生的紊动向下传递速率较快,能在波峰时刻达到床底并悬扬泥沙至水体中,从而有利于向岸的净输沙。

卷破波有利于向岸输沙,而崩破波有利于离岸输沙,也被 Ting 和 Kirby[82,83]在实验室中证实。因此,风暴条件下人工沙坝的向岸迁移是由人工沙坝较陡引起的卷破波向岸输沙引起的。波浪在人工沙坝上方卷破,由于人工沙坝上方的水深较浅,故紊动到达传递的时刻与波峰时刻相位耦合。

图 3.1.17 风暴条件下人工沙坝上方的卷破波

3.2 常浪条件下人工沙坝地貌形态演变规律

3.2.1 人工沙坝剖面形态演变及喂养效应分析

3.2.1.1 波高对喂养效应的影响

波高对海滩剖面演变具有显著的影响,当波高增大时,破波点向海移动,形成离岸沙坝[123]。本节考虑了 3 种不同波高条件下的养滩效果:MR_1(H_{s0}=0.05 m,T_p=2.5 s,Ω=0.69);MR_4(H_{s0}=0.1 m,T_p=2.5 s,Ω=1.38);MR_5(H_{s0}=0.2 m,T_p=2.5 s,Ω=2.76)。这三个组次仅有入射波高不同,其他设计参数一致。如图 3.2.1(a)所示,组次 MR_1 中人工沙坝在波浪作用下向岸迁移,坝槽形态逐渐衰减。MR_1 中的人工沙坝的坝顶水深逐渐增加,向海侧坡度逐渐变缓,向岸侧坡度几乎保持不变,大部分泥沙都在向岸侧堆积,只有极少数的泥沙由于重力的扩散作用堆积到人工沙坝离岸侧。在这种情况下,人工沙坝的形态演变规律与风暴条件下的相似。区别在于,在风暴条件下,人工沙坝形态耗散的速率较快,如图 3.1.1 所示,SRV_1～SRV_3 的人工沙坝在 100 min 内形态已基本耗散;而在常浪条件下,人工沙坝的形态在 300 min 后依然显著。MR_1 中滩肩处于淤长的状态,滩肩高程增大,滩肩前缘坡度几乎保持不变,岸线向海侧推进。这一现象与风暴条件下滩肩的剖面演变模式不同，虽然滩肩对风暴的响应存在滞后性，但在总体上随着时间的推移滩肩处于侵蚀状态。如图 3.2.1(b)所示，组次 MR_4 中人工沙坝的形态演变趋势与 MR_1 一致。通过比较第 188 min 和第 300 min 的地形可以发现，MR_4 中的人工沙坝已经处于准平衡状态。MR_4 中滩肩高度增大，滩肩前缘坡度轻微变缓，岸线位置几乎不变，与 MR_1 相比，其滩肩淤长不明显。如图 3.2.1(c)所示，组次 MR_5 对应的波高为 0.2 m，是 MR_4 的两倍。在初始时刻，MR_5 中的人工沙坝没有表现出明显的向岸迁移趋势，而是在原地耗散，坝高明显衰减，两侧的坡度逐渐变缓，坝槽形态逐渐消失。在 17 min 之后，沙坝逐渐离岸迁移。严格来说，MR_5 的波浪条件已接近 3.1 节中描述的风暴条件。然而 MR_5 中的人工沙坝并没有像在风暴条件下一样向岸迁移，而是在 17 min 之后离岸迁移。这两种现象并不矛盾，这是因为 MR_5 组次中的人工沙坝向海侧坡度已经较缓，失去了形成卷破波的必要条件[146]。在 72 min 之后，沙坝已经离岸迁移了 1.5 m，到达 $x=7$ m 处。MR_5 中的滩肩处于侵蚀的状态，滩肩高程减小，滩肩前缘坡度变缓，岸线的位置几乎保持不变，整体地形逐渐恢复到初始的 1/20 斜坡状态。

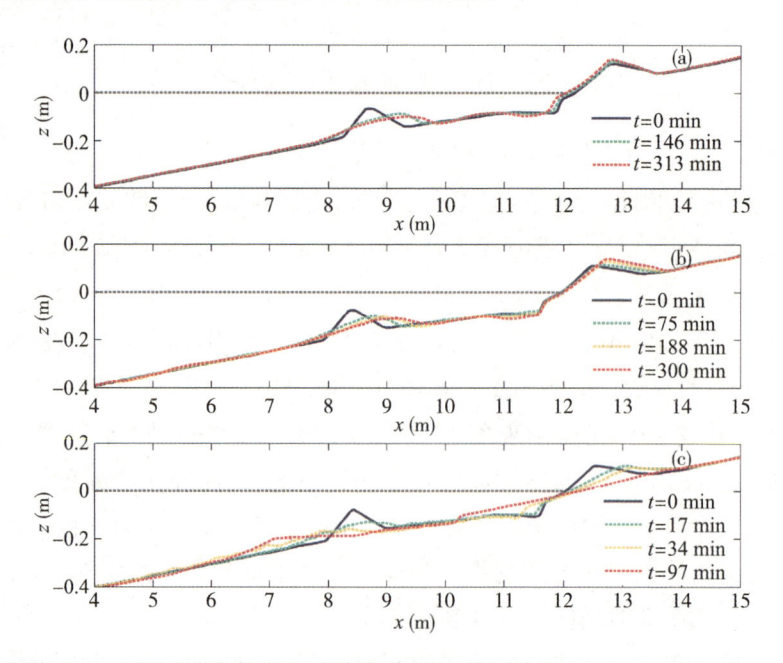

图 3.2.1　不同波高条件下人工沙坝地形剖面演变 (a)MR_1, $H_{s0}=0.05$ m; (b)MR_4, $H_{s0}=0.1$ m; (c)MR_5, $H_{s0}=0.2$ m

综上所述,常浪条件下人工沙坝向岸迁移,滩肩处于淤长的状态。当入射波高从 0.05 m 增大到 0.1 m 时,人工沙坝的形态演变规律保持不变,滩肩由淤长状态转变为轻微侵蚀;当入射波高从 0.1 m 增大到 0.2 m 时,人工沙坝向岸迁移的趋势受到抑制,滩肩出现大量侵蚀,整体海滩剖面状态从反射型海滩剖面逐渐恢复成初始的 1/20 斜坡。因此,随着入射波高的增大,人工沙坝向岸迁移的趋势会被抑制,滩肩受到的侵蚀加剧,养滩效果将会减弱。可以推测当外海的入射波高增大时,会影响现有的人工沙坝养滩工程的养滩周期与养滩效果。

3.2.1.2 波周期对喂养效应的影响

根据 van Gent 等[150]、van Thiel de Vries 等[151]的探究结果可知,波周期对海滩剖面演变,特别是对滩肩具有重要的影响。他们发现当波周期变大时,会对滩肩产生更多的侵蚀。本节考虑了 3 种不同周期条件下的养滩效果:MR_1(H_{s0}=0.05 m,T_p=2.5 s,Ω=0.69);MR_2(H_{s0}=0.05 m,T_p=2 s,Ω=0.86);MR_3(H_{s0}=0.05 m,T_p=1 s,Ω=1.67)。与上节一致,这三个组次仅有入射波周期不同,其他设计参数一致。

如图 3.2.2 所示,组次 MR_1、MR_2 和 MR_3 的波周期分别为 2.5 s、2 s 和 1 s。从图 3.2.2(b)中可以看出,当波周期减小为 2 s 时,人工沙坝向岸迁移的趋势进一步受到抑制,人工沙坝两侧边坡的坡度均减小,人工沙坝变得更稳定,滩肩处呈现出轻微的淤积,滩肩高度增大而滩肩前缘坡度保持不变。值得注意的是,MR_2 的波浪条件与生成背景反射型剖面的波浪条件一致,反射型剖面已经达到准平衡状态,说明此时滩肩处的轻微淤积是因铺设了人工沙坝而产生的。人工沙坝进一步削减了到达岸边的波能,促进了滩肩的淤积。如图 3.2.2(c)所示,当波周期进一步减小到 1 s 时,床面变化较小并且在第 135 min 后逐渐达到平衡状态,人工沙坝变得很稳定,岸线前方台阶消失,滩肩处几乎没有发生变化。这是因为当波周期较小时,泥沙很难在波峰时刻被充分悬扬到水体中,因此在人工沙坝上方悬沙输沙贡献较小,从而导致地形变化不明显。

综上所述,当波周期增大时,有利于人工沙坝向岸迁移和滩肩的淤长。由于泥沙起动需要时间,所以当波周期减小时,泥沙很难在波峰时刻被充分悬扬至水体中。因此,在常浪条件下,当波周期减小时,海滩剖面上的输沙能力减弱,人工沙坝较为稳定;后方滩肩的淤积强度也相应减弱,这是由于人工沙坝的存在致使到达岸边的波能又被进一步削减。

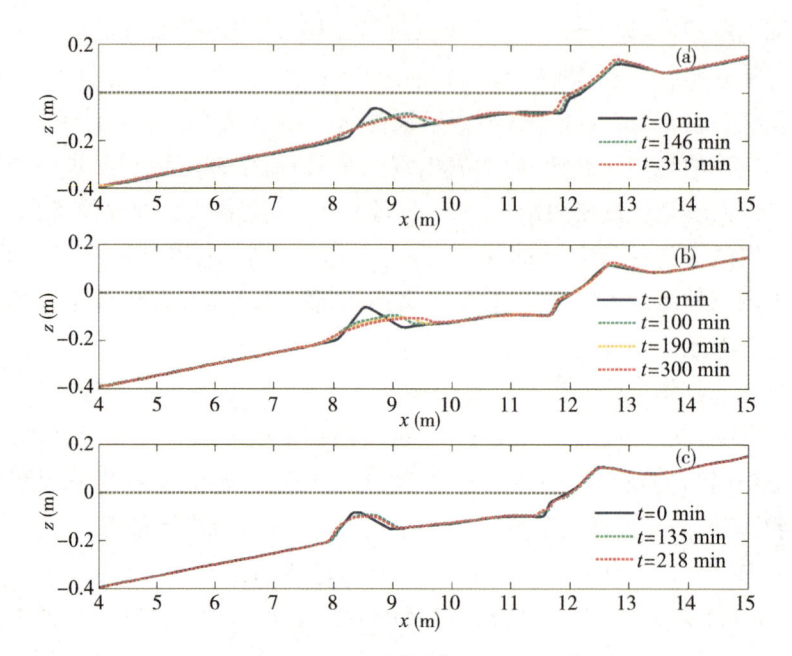

图 3.2.2 不同波周期条件下人工沙坝地形剖面演变 (a) MR_1, $T_p = 2.5$ s; (b) MR_2, $T_p = 2.0$ s; (c) MR_3, $T_p = 1.0$ s

3.2.1.3 填沙位置对喂养效应的影响

当填沙位置改变时,人工沙坝的坝顶水深也会显著改变。Walstra 等[152]发现在年际的时间尺度上,沙坝形态的变化与坝顶水深有关,坝顶水深通过改变沙坝上方的波浪破碎强度从而影响当地的输沙能力。Walstra 等[153]基于对数千米海岸线区域的数值模拟,发现近岸水流的三维特性是引起沙坝沿岸分布不均匀的主要原因,强调了三维数学模型对解析沿岸沙坝形态不均匀性的重要性。在本研究中对问题进行简化,将不考虑沿岸流对人工沙坝形态的影响。事实上,现有的观测研究证实,在平直的海岸中,当波浪入射角不大时,主要的输沙过程出现在向离岸方向[154]。

本节考虑了在反射型剖面和过渡型剖面上不同填沙水深(位置)对养滩效果的影响。在反射型剖面上的组次为:MRV_1($h_c = 0.07$ m)、MRV_2($h_c = 0.09$ m)和 MRV_3($h_c = 0.11$ m);在过渡型剖面上的组次为:MI_1($h_c = 0.13$ m)和 MI_2($h_c = 0.22$ m)。在各个类型的海滩剖面上,改变的设计参数仅有坝顶水深,波浪条件和其他设计参数,如填沙体积、两侧坡度比等均不变。如图 3.2.3 所示,人工沙坝在常浪条件下向岸迁移,喂养海滩。在向岸迁移的过程中呈现出两种模式。如图 3.2.3(a)所示,第一种模式为"增长型",人工沙坝在向岸迁移的过程中,沙坝坝顶水深减小,宽度明显增加,坝槽不对称形态不断增长,在荷兰的 Terschelling 海岸[22,155]、美国 Fort Myers 海岸[20]、新西兰 Tairua 海岸[28]和我国的秦皇岛海岸[12]都曾观测到这种模式。若波浪作用足够长,沙坝将最终填补在岸滩上拓宽滩肩。如图 3.2.3(b)所示,MRV_2 中人工沙坝的形态演变介于两种模式之间。人工沙坝在向岸迁移的过程中,沙坝向岸侧坡度变化不大,向海侧坡度变缓,沙坝高度略微变小。如图 3.2.3(c)所示,第二种模式为"衰减型"。人工沙坝两侧边坡逐渐变缓,跨度变大,坝顶水深逐渐增加,坝槽形态逐渐衰减。这种模式出现在荷兰 Egmond 海岸[19]、美国 Duck 海岸[29,88]和一些物理模型实验中[30]。人工沙坝最终在较长范围的深槽中达到平衡,成为天然海滩的一部分。上述两种人工沙坝向岸迁移过程中的演变模式的差异主要来源于人工沙坝坝顶水深和人工沙坝到岸线的距离不同。较小的坝顶水深、较近的与岸线之间的距离更趋于使人工沙坝出现"增长型"的演变模式;而较大的坝顶水深、较远的与岸线之间的距离更趋于使人工沙坝出现"衰减型"的演变模式。这两种模式下的泥沙运动规律与水动力特性将在第五章中详细介绍。

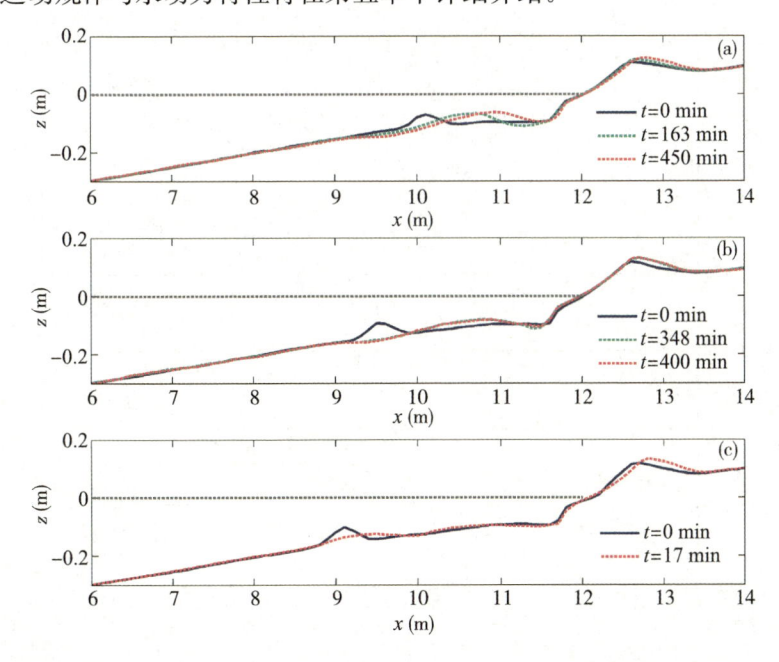

图 3.2.3 反射型剖面上不同填沙水深(位置)条件下人工沙坝地形剖面演变
(a) MRV_1, h_c = 0.07 m; (b) MRV_2, h_c = 0.09 m; (c) MRV_3, h_c = 0.11 m

图 3.2.4 给出了过渡型剖面上的两种人工沙坝铺设方式：MI_1 中的人工沙坝铺设在外沙坝的坝槽中（$h_c=0.13$ m）；MI_2 中的人工沙坝铺设在外沙坝的向海侧坡度上（$h_c=0.22$ m）。如图 3.2.4(a)所示，人工沙坝向岸迁移，沙坝高度逐渐衰减，向海侧坡度变缓，向岸侧坡度几乎保持不变。少量泥沙离岸堆积到外沙坝上方，外沙坝的形状没有发生改变。内沙坝向岸迁移，向海侧坡度变缓而向岸侧坡度变陡，Cheng 和 Wang[26]在现场中也观测到类似的现象。在岸线以上，泥沙开始堆积，逐渐形成一个显著的滩肩，滩肩的高程逐渐增长，滩肩前缘坡度逐渐变陡。在第 413 min 后地形剖面呈现出平衡的趋势。如图 3.2.4(b)所示，人工沙坝铺设在外沙坝的向海侧斜坡上，人工沙坝离岸较远，坝顶水深较大。此时，人工沙坝形态较为稳定，仅有人工沙坝顶部的泥沙在波浪的作用下堆积在其向岸侧。外沙坝在人工沙坝的掩护下几乎不发生地貌形态变化，内沙坝向岸迁移，在第 804 min 后消失。和 MI_1 一样，MI_2 中的泥沙在岸线以上堆积，逐渐形成高而陡的滩肩。因此，在过渡型剖面中，铺设在外沙坝向海侧的人工沙坝比铺设在向岸侧的人工沙坝更为稳定。

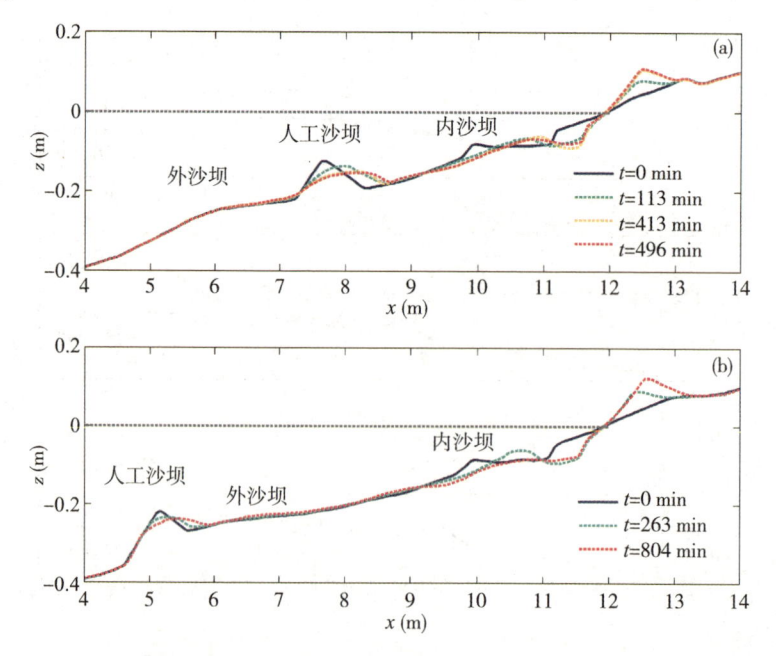

图 3.2.4 过渡型剖面上不同填沙水深（位置）条件下人工沙坝地形演变
(a) MI_1, $h_c=0.13$ m; (b) MI_2, $h_c=0.22$ m

3.2.1.4 人工沙坝两侧坡度比对喂养效应的影响

沙坝两侧边坡坡度之比对沙坝的稳定性有显著的影响。Cheng 和 Wang[26]认为,沙坝两侧的坡度比可以用来反映沙坝的迁移方向。当沙坝向岸迁移时,其向海侧坡度变缓,向岸侧坡度变陡,两侧坡度比变小;当沙坝离岸迁移时,其向海侧坡度变陡,向岸侧坡度变缓,两侧坡度比变大。本节考虑了在反射型剖面上人工沙坝不同的两侧坡度比对养滩效果的影响。采用 2 个组次:MR_1(向海侧坡度与向岸侧坡度比为 1∶1)和 MR_6(两侧坡度比为 0.67∶1)。这里的"坡度"指的是相对于当地背景地形的坡度,而不是绝对坡度。

如图 3.2.5(b)所示,当人工沙坝两侧坡度变为 0.67∶1 时,仍表现出向岸迁移的趋势。人工沙坝形态在第 833 min 后被充分耗散,沙坝高度减小,坝顶水深从初始时刻的 7 cm 增长到 13 cm。滩肩出现了淤长,滩肩高度从初始时刻的 12 cm 增长到 14 cm。滩肩前缘坡度从初始时刻的 0.19 减小至 0.16。通过比较图 3.2.5(a)和(b)发现,MR_1 中的滩肩高度在 313 min 内增长了 2 cm,而 MR_6 在第 883 min 才显示出了 2 cm 的滩肩高度增长。由于实验过程中的波浪条件是固定不变的,所以地形剖面总是向着平衡剖面发展[156,157]。因此,滩肩的高度在实验过程中不断增大,但增长的幅度越来越小。

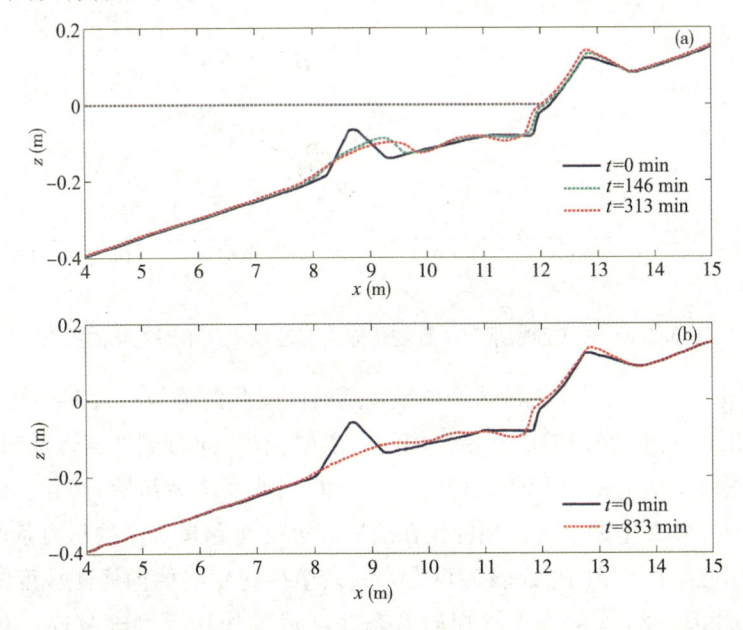

图 3.2.5 不同坡度比条件下人工沙坝的地形演变 (a) MI_1,人工沙坝两侧坡度比为 1∶1;(b) MI_2,人工沙坝两侧坡度比为 0.67∶1

3.2.1.5 人工沙坝几何形态规律

图 3.2.6 给出了各个组次中沙坝坝顶位置变化($x_{bar}-x_{bar0}$)和沙坝坝顶水深变化(h_c-h_{c0})之间的关系。将图 3.2.6 划分为 4 个区域,可以将沙坝向离岸迁移趋势与沙坝形态增长/衰减模式做准确区分。当 $x_{bar}-x_{bar0}>0$ 时,代表人工沙坝向岸迁移,反之则反。当 $h_c-h_{c0}>0$ 时,代表人工沙坝形态衰减,反之则反。图 3.2.6 中所有组次的初始位置均在(0,0)处,只有 MR_5 呈现出先向岸迁移,再离岸迁移的趋势,其余组次均是向岸迁移。除了 MRV_1 和 MRV_2 表现为"增长型"模式外,其余组次均表现为"衰减型"模式。如图 3.2.6 中右上板块所示,"衰减型"组次中的沙坝坝顶位置变化与沙坝坝顶水深变化存在明显的线性关系,系数为 0.05,与背景地形的坡度相当,说明背景地形坡度对人工沙坝向岸迁移过程中的坝顶水深变化具有重要的影响。当地形坡度较陡时(常见于反射型剖面),在向岸迁移的过程中人工沙坝坝顶水深增长较快,反之则反。

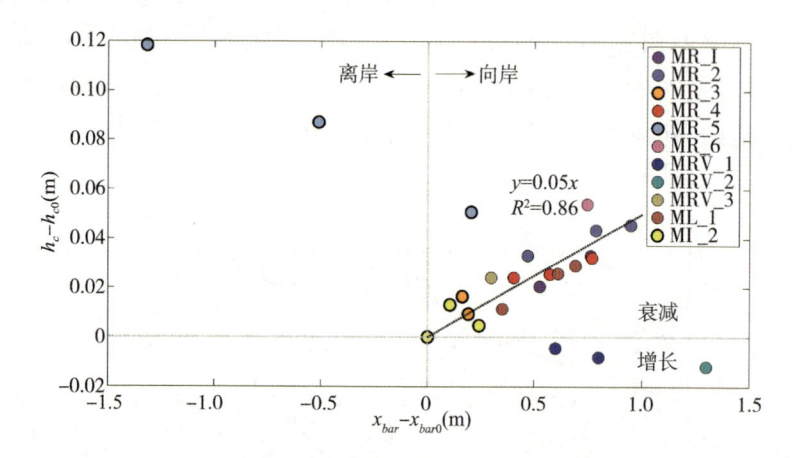

图 3.2.6 人工沙坝坝顶位置变化与人工沙坝坝顶水深变化的关系

图 3.2.7 给出了人工沙坝两侧坡度随时间变化的趋势。人工沙坝向海侧坡度随时间减小,在波浪刚开始作用的一段时间内,向海侧坡度迅速减小,随后趋于稳定。MI_2 和 MR_3 稳定时的向海侧坡度约为初始时刻的 0.6 倍,这是由于 MI_2 中的人工沙坝铺设在离岸较远处而 MR_3 中的动力条件相对不足,因此人工沙坝的形态较为稳定。其余组次稳定时的向海侧坡度约为初始时刻的 0.2 倍,说明人工沙坝的形态在波浪的作用下会充分损耗("衰减型"或是人工沙坝跨度变大,坝槽形态更显著("增长型")。人工沙坝向岸侧

坡度随时间逐渐减小,减小的幅度比向海侧坡度小且规律不明显。MR_5中人工沙坝向岸侧坡度衰减最剧烈,在波浪作用下逐渐趋向于0。

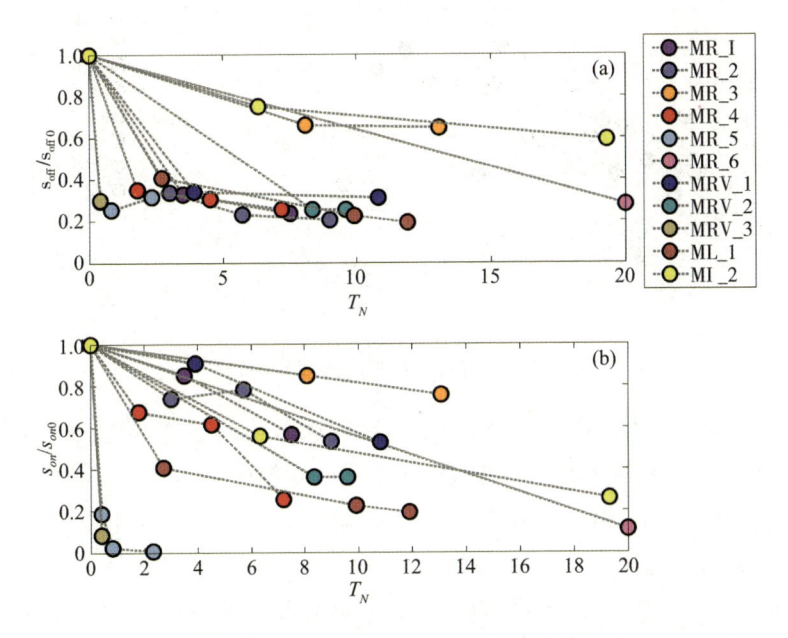

图 3.2.7 人工沙坝(a)向海侧坡度和(b)向岸侧坡度随时间变化趋势

3.2.2 人工沙坝影响下的海滩剖面演变

图 3.2.8 给出了滩肩高度随时间变化的趋势,滩肩高度变化的范围为 −0.02～0.04 m。在大部分组次中,滩肩高度随时间增大,其中 MV_2 中的滩肩高度增长得最明显,在 $T_N=10$ 时,增长了 0.04 m。MR_3 和 MR_5 中出现了滩肩高程的衰减趋势。MR_3 中滩肩高程的衰减可忽略不计,MR_5 中则出现了显著的滩肩高程衰减,可达 0.02 m。滩肩高程的增长与衰减与背景剖面的冲淤判数和铺设人工沙坝后地形的冲淤判数(即 Ω_1 与 Ω_2)的相对关系有关:$\Omega_1<\Omega_2$、$\Omega_1=\Omega_2$、$\Omega_1>\Omega_2$。MR_2 中 $\Omega_1=\Omega_2$,MR_4 中 Ω_1 略小于 Ω_2,MR_3 和 MR_5 中 $\Omega_1<\Omega_2$,剩余组次中 $\Omega_1>\Omega_2$。由此可见,当因波浪条件改变导致 $\Omega_1<\Omega_2$ 时,滩肩高程便可能出现衰减,衰减的强度由 Ω_2 的大小决定,Ω_2 越大,滩肩高程衰减越明显。当 $\Omega_1=\Omega_2$ 或 $\Omega_1>\Omega_2$ 时,滩肩高程处于增长状态。滩肩高程变化与地形冲淤判数相对大小的对应关系说明滩肩高程变化可用于表征滩肩海滩剖面的冲淤状态。虽然滩肩高程变化可以表征滩肩的

冲淤状态，但是滩肩冲淤的强度与人工沙坝的设计参数有关。

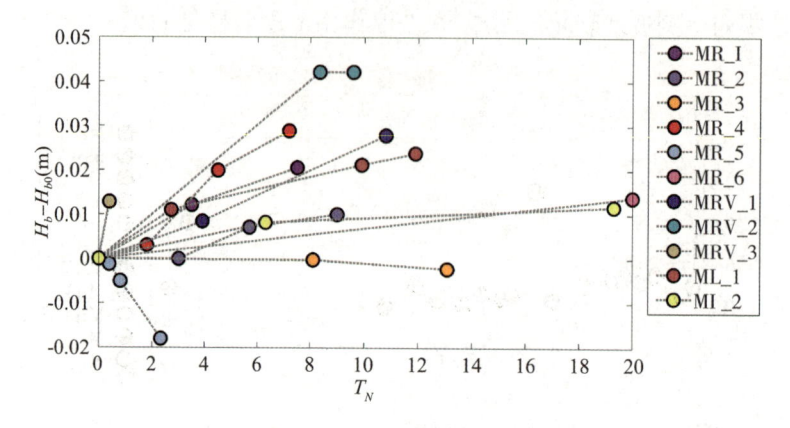

图3.2.8 滩肩高程随时间变化的趋势

图3.2.9给出了岸线变化(x_s-x_{s0})随时间变化的趋势，岸线变为正代表岸线后退，岸线变为负代表岸线前进。岸线变化的范围为$-0.15\sim0.23$。在反射型海滩剖面上，组次MR_3、MR_4和MR_5中的岸线处于后退状态，对应$\Omega_1<\Omega_2$；而在组次MR_1、MR_2、MR_6以及MRV_1~MRV_3中，岸线处于前进的状态，对应$\Omega_1=\Omega_2$和$\Omega_1>\Omega_2$。在过渡型海滩剖面上，滩肩经历了从无到有的过程，逐渐增长，岸线的位置却相对固定，没有发生明显的变化。因此，岸线位置也是反映滩肩剖面冲淤形态的重要参数。

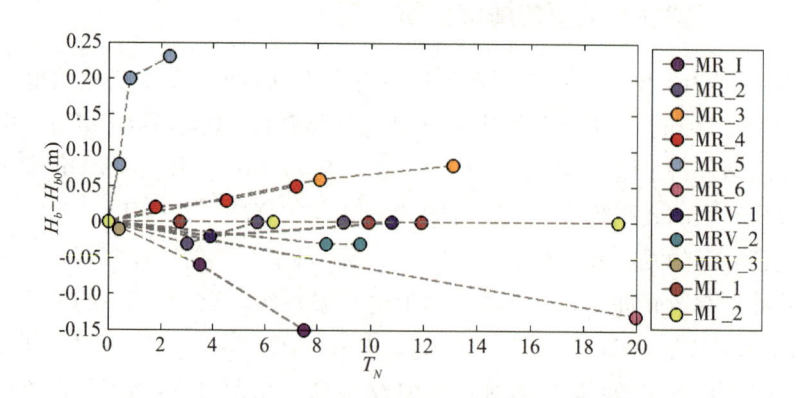

图3.2.9 岸线位置变化随时间变化的趋势

值得注意的是，人工沙坝在常浪条件下和风暴条件下存在明显的剖面形态演变差异。其一是在风暴条件下，人工沙坝总是处于衰减的状态，在常浪条件下则会出现增长的模式;其二是在风暴条件下,人工沙坝总是处于不停的变化中,在常浪条件下则更容易表现出平衡的趋势。如图 3.2.2 和图 3.2.4 所示,组次 MR_2 在第 190 min 后处于平衡状态,MI_1 在第 413 min 后处于平衡状态,地形变化极其微小。本书提出了剖面累积输沙率用于定量描述这两个组次的平衡趋势。剖面累积输沙率的本质是人工沙坝区域上地形变化绝对值的积分:

$$q_n = \int \left| \frac{\partial z_b}{\partial t} \right| \mathrm{d}x \tag{3.2.1}$$

式中:q_n 为剖面累积输沙率。MR_2 和 MI_1 中的人工沙坝区域分别为 8～10 m 和 7～9 m。对各个时刻 q_n 的计算,采用的是相邻两个时刻的地形差异。如图 3.2.10(a)所示,组次 MR_2 中初始时刻的 q_n 为 1.03×10^{-7} (m²/s),并随时间逐渐减小。减小的速率在初始的 150 min 内较为剧烈,随后变得缓和。在第 300 min 后,q_n 为 2.73×10^{-8} (m²/s),仅为初始时刻的 1/4。如图 3.2.10(b)所示,组次 MI_1 中 q_n 随时间变化的趋势与 MR_2 类似。因此,可以认为这两个组次中的人工沙坝在铺设之后逐渐趋于平衡。

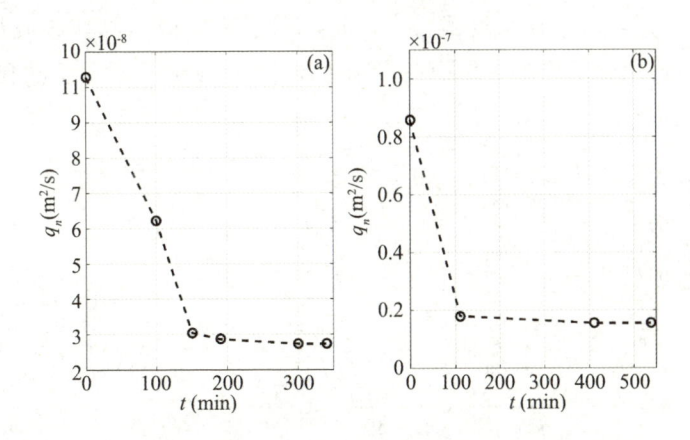

图 3.2.10　剖面累积输沙率随时间变化的趋势(a)MR_2;(b)MI_1

Dean[45] 提出在平衡剖面上单位水体波能耗散分布均匀的假定,并提出了平衡波能耗散率的计算公式:

$$D_* = \frac{5}{24} \gamma^2 \rho g^{1.5} A^{1.5} \tag{3.2.2}$$

式中:D_* 代表平衡波能耗散率;γ 为波浪破碎指标;A 为传统表征平衡剖面幂

指函数的系数。同样,采用式(1.2.1)也可以通过测量剖面上的波高与地形来计算单位水体的波能耗散率。基于 Wang 和 Kraus[51] 提出的理论,在本节中提出两个问题:(1)人工沙坝平衡剖面上单位水体波能耗散率分布是否比初始剖面更均匀? (2)Dean 提出的理论公式(3.2.2)能否准确预测平衡波能耗散率? 基于 Dean[43]、Wang 和 Kraus[51]、Moore[158] 的研究,A 是泥沙粒径的函数。当中值粒径为 0.23 mm 时,A 的取值为 $0.1\ \text{m}^{1/3}$。γ 是控制波浪破碎能量耗散的关键参数,在破波带饱和的状态下,在 MRV_1 和 MI_1 中分别取值 0.57 和 0.55[159]。

如图 3.2.11 所示,在平衡剖面和初始剖面上,波能耗散率的最大值都出现在人工沙坝的上方。在图 3.2.11(a)中,初始时刻人工沙坝上方的波浪耗散率高达 300 Nm/(m³·s),当剖面趋于平衡时减小到 50 Nm/(m³·s)。在图 3.2.11(b)中,波能耗散率在人工沙坝的向海侧增加,之后在向岸侧减小。比较这两个组次初始时刻和平衡时剖面上波能耗散率的分布,可以发现人工沙坝平衡剖面上的波能耗散率分布比初始剖面更均匀,从而验证了 Dean 的假定。此外,发现波能耗散率理论值在除了人工沙坝坝顶之外的其他地方都大于计算值。这是由于在采用式(3.2.2)计算破碎指标时,默认破波带是饱和的,没有考虑水深的影响。然而在实际海岸中,破波带并不总是饱和的,在这

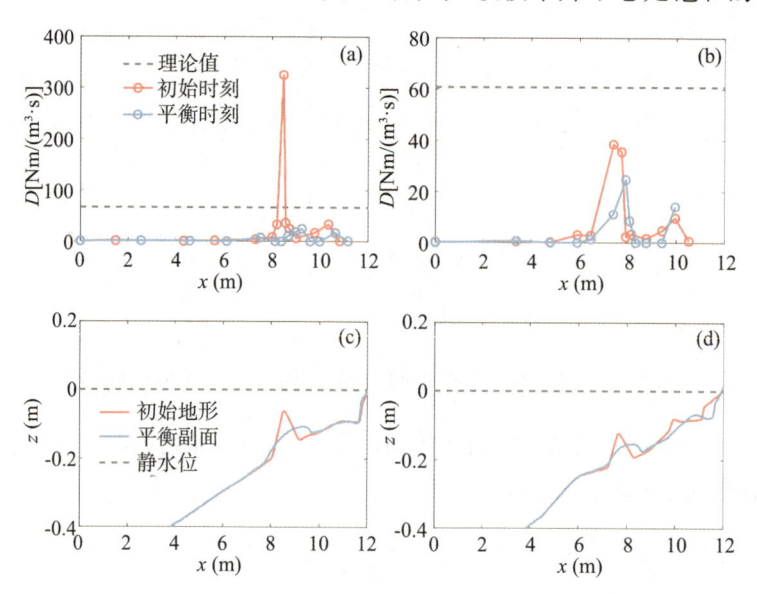

图 3.2.11　人工沙坝平衡剖面上的波能耗散率及对应的地形(a,c)MR_2;(b,d)MI_1

种情况下破碎指标也与水深有关[84,160]。一些研究专门针对这一问题进行了详细的讨论[161,162]。

3.3 本章小结

本章基于物理模型实验结果分别分析了风暴条件下和常浪条件下人工沙坝海滩剖面形态演变规律。重点考察了人工沙坝剖面形态演变规律、人工沙坝影响下的海滩剖面演变规律及人工沙坝和滩肩的地貌形态耦合机制。基于实验结果,主要得出以下结论。

风暴条件下,较强形态的人工沙坝在大浪作用下可引起局部向岸输沙和向岸沙坝迁移,从而改变海滩整体冲淤状态和岸滩响应规律。人工沙坝在向岸迁移的过程中,形态逐渐衰减,坝顶水深增加,两侧坡度变缓。沙坝坝高和两侧坡度在初始时刻衰减得较快,最后逐渐趋于稳定。在反射型剖面上,坝顶水深较小的人工沙坝对滩肩的保护作用更明显;在过渡型剖面上,铺设在外沙坝坝槽中的人工沙坝比铺设在外沙坝向海侧的更有利于减少海岸侵蚀。

发现人工沙坝会导致滩肩风暴响应存在时间上的滞后性,说明人工沙坝的遮蔽效应在沙坝形态演变过程中具有动态性,提出考虑人工沙坝形态参数的破波相似参数,建立了人工沙坝与滩肩之间的地貌形态耦合关系式。

在常浪条件下,滩肩与岸线的形态变化规律取决于塑造背景剖面波浪条件与人工沙坝铺设后波浪条件的相对大小。人工沙坝在向岸迁移的过程中呈现出"增长型"和"衰减型"两种喂养模式,随着人工沙坝形态趋于平衡,波能耗散率沿程分布比初始剖面更为均匀。

第四章
人工沙坝对波浪传播变形特性的影响机制

以往对于波浪浅水变形和波浪破碎的研究是在地形变化较为平缓的天然海滩剖面,或者是在地形剖面较为规整的潜堤上开展。铺设人工沙坝后,海滩地形剖面上坡度与水深的变化范围比铺设前的天然海滩剖面更大,人工沙坝的两侧坡度比天然沙坝更陡,水深比天然沙坝更浅,因此当波浪经过人工沙坝时,其传播变形规律更加复杂。在第三章中描述的人工沙坝海滩剖面演变会显著影响波浪非线性演化与波浪破碎特征,而波浪非线性演化和波浪破碎分别是推移质输沙和悬移质输沙的主要驱动力,这些将在第五章中进行分析。本章将基于实测波浪与地形数据,给出波浪在人工沙坝上方传播变形规律的新认识。

4.1 波要素分布规律

4.1.1 波能谱演变特性

本节在常浪条件和风暴条件下分别选取一个代表组次分析波浪在经过人工沙坝前后的波能谱演变特性。常浪条件下选取 MR_2 组次($H_{s0}=0.05\ \text{m}, T_p=2\ \text{s}$),其初始时刻波高仪布置如图 4.1.1 所示。图 4.1.1 给出了 3#~15#波高仪,其中 3#~5#波高仪布置在人工沙坝向海侧的天然斜坡上,6#~11#波高仪分别布置在人工沙坝的向海侧坡脚和向岸侧坡脚处,7#~

10#波高仪分别布置在人工沙坝向海侧斜坡和向岸侧斜坡上，8#和9#波高仪分别布置在人工沙坝坝顶，12#~15#波高仪布置在人工沙坝向岸侧区域。1#波高仪(图 4.1.1 中没有给出)布置在 $x=0$ m 处。

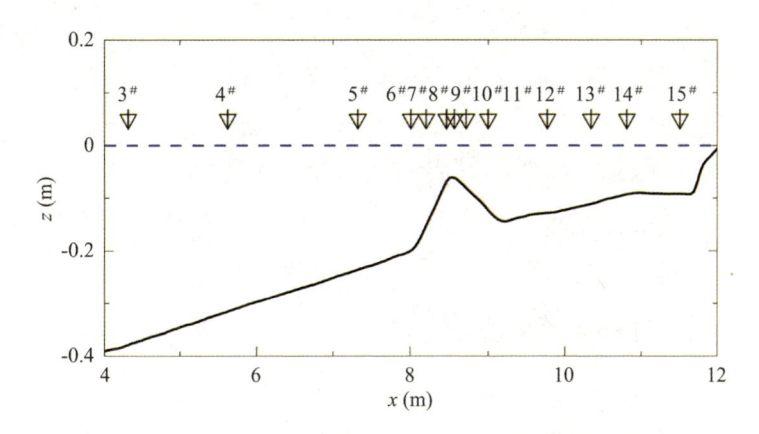

图 4.1.1　组次 MR_2 初始时刻波高仪布置示意图

在分析之前，采用频带滤波法剔除低频信号和超高频信号尾的影响，截断频率分别取谱峰频率 $f_p=0.5$ Hz 的 1/2 倍和 4 倍。如图 4.1.2 所示，人工沙坝向海侧斜坡 7# 波高仪处，波峰变得尖而陡，波浪发生浅化，波浪能量主要集中在谱峰频率处。波浪进一步传播到人工沙坝坝顶(8#)处，波峰变得更加尖陡，主要波能损耗出现在谱峰频率附近。在水深变浅的过程中，波能谱的变化规律与潜堤和珊瑚礁前缘陡坡上的一致[62,163]。

当波浪经过人工沙坝到达其向岸侧斜坡(11#)时，波面振幅减小且变得不对称。波能进一步衰减，主要能量损耗出现在谱峰频率区域。当波浪传播至人工沙坝向岸侧的内破波带(14#)时，谱峰频率能量明显衰减。波浪在水深较浅的地形上传播时，谱峰频率能量衰减的现象在一些物理模型实验中[68,164]和数值模拟研究中[165-167]有被观测到。

风暴条件下选取 SRV_1($H_{s0}=0.16$ m，$T_p=1.6$ s)为例进行分析。如图 4.1.3 所示，6#、7#、8# 波高仪布置在人工沙坝向海侧的天然斜坡地形上，9#、10#、11# 波高仪分别布置在人工沙坝向海侧边坡、人工沙坝坝顶和向岸侧斜坡上，12#~14# 波高仪布置在岸线前方的内破波带内。

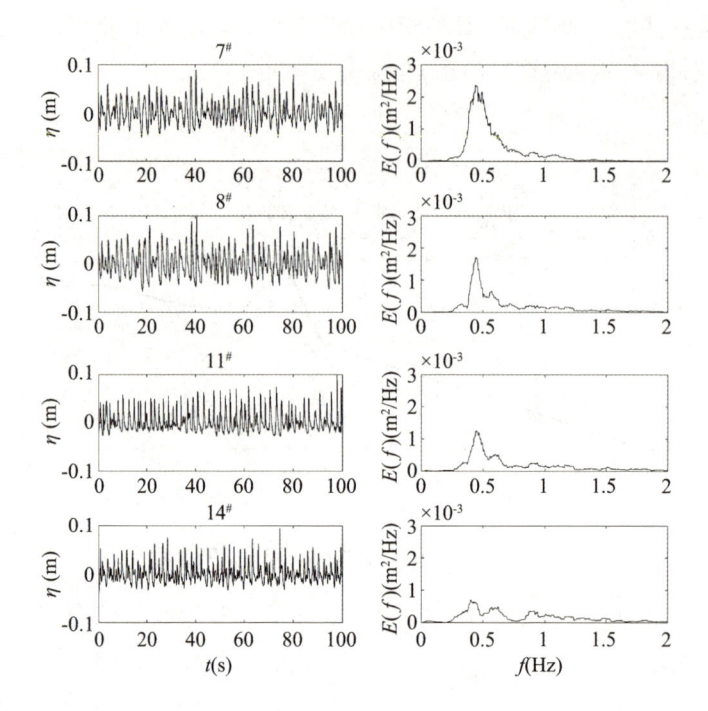

图 4.1.2 组次 MR_2 初始时刻波高仪处的波面高程及能量谱

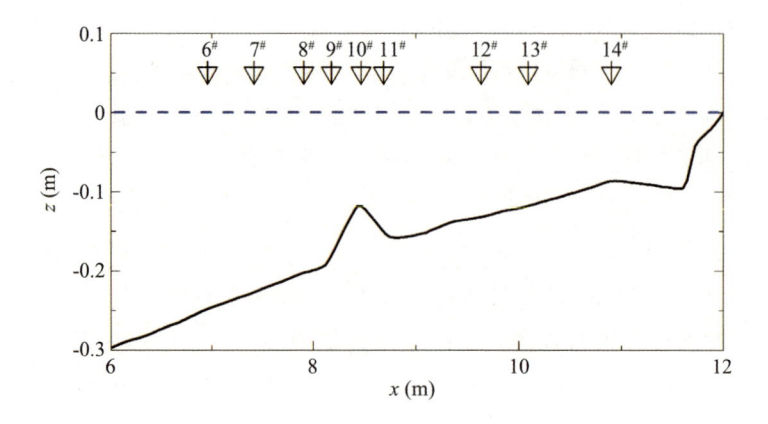

图 4.1.3 组次 SRV_1 初始时刻波高仪布置示意图

如图 4.1.4 所示,当波浪传播到人工沙坝向海侧坡脚(8#)时,波面已呈现出关于横轴和纵轴的不对称性,谱峰频率的 2 倍频($2f_p$)能量显著。当波浪继续传播到人工沙坝向海侧斜坡时(9#),f_p 和 $2f_p$ 对应的能量均有衰减。当波浪经过人工沙坝坝顶(11#)时,f_p 对应的能量进一步衰减,而 $2f_p$ 对应的能量几乎不变,$3f_p$ 对应的能量有所增加。当波浪传播至内破波带(14#)时,波面振幅明显减小,能谱图中各个频率对应的能量均有明显损耗。综上所述,波浪在人工沙坝向海侧斜坡上传播时,主要能量损失出现在 f_p;当波浪经过人工沙坝时,f_p、$2f_p$ 和 $3f_p$ 对应的能量均有损耗,这一现象与 Dong 等[168]观察到波浪经过潜堤时的现象一致。

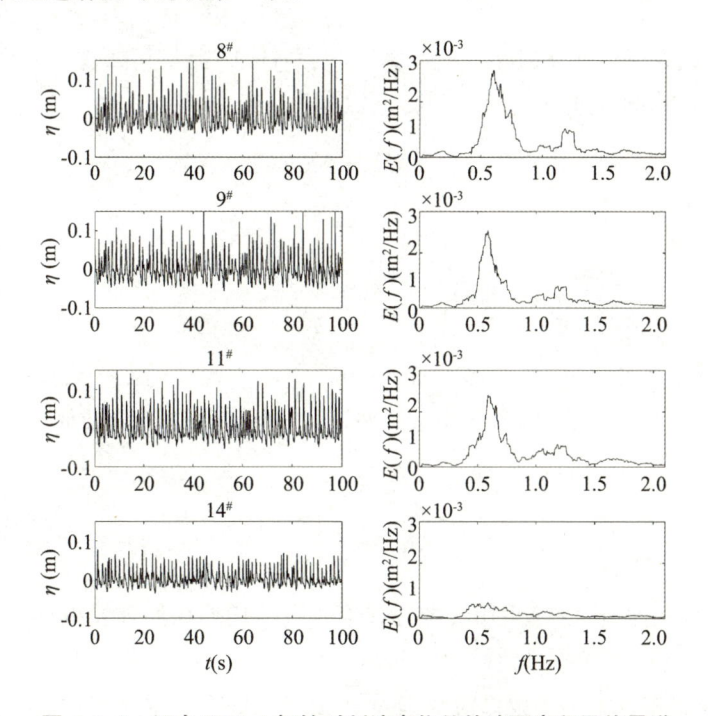

图 4.1.4 组次 SRV_1 初始时刻波高仪处的波面高程及能量谱

4.1.2 波高及波浪非线性参数分布规律

波浪在向岸边传播的过程中,随着水深的减小,波浪逐渐发生浅化,波高逐渐增大,波峰形状尖陡,波谷平缓。如果水深进一步减小,在波峰时刻水质点水平速度大于波峰移动速度,波浪发生破碎[169]。波浪破碎的形式包括崩破波、卷破波和激破波,取决于深水波陡与当地坡度。由于自然界的波浪是随机的,一个波列中的各个子波从深水向近岸逐渐破碎,通常采用破波带的饱和度描述这一过程。一般认为,当深水波陡较大或坡度较平缓时,破波带为饱和状态,波浪主要以崩破波的形式破碎;当深水波陡较小或坡度较陡时,破波带为不饱和状态,波浪主要在岸边以卷破波的形式破碎[84,160,170-172]。

采用谱方法计算有效波高(H_s),在计算之前凭借上述截断频率剔除低频信号与高频信号尾的影响:

$$H_s = 4\sqrt{m_0} \qquad (4.1.1)$$

$$m_n = \int_0^\infty f^n E(f) \mathrm{d}f \qquad (4.1.2)$$

式中:m_n 代表波谱的 n 阶矩;$E(f)$ 为频率 f 对应的能量谱密度。波面速度不对称性(S_k)和加速度不对称性(A_s)的定义为

$$S_k = \frac{\langle(\eta-\bar{\eta})^3\rangle}{\langle(\eta-\bar{\eta})^2\rangle^{3/2}} \qquad (4.1.3)$$

$$A_s = \frac{\langle \mathrm{H}(\eta-\bar{\eta})^3\rangle}{\langle(\eta-\bar{\eta})^2\rangle^{3/2}} \qquad (4.1.4)$$

式中:η 代表波面高程;上划线代表时间平均;<>代表周期平均;H 为希尔伯特变换。S_k 为正代表波峰陡峭波谷平缓,A_s 为负代表波形前倾,反之则反。波浪厄塞尔数(U_r)的定义为[173]

$$U_r = \frac{H_s L_m^2}{h^3} \qquad (4.1.5)$$

式中:L_m 代表平均波长,采用线性波理论通过平均波周期计算得到,平均波周期 $T_{m02} = m_2/m_0$。

在风暴条件下的反射型海滩剖面上,组次 SRV_1 中的有效波高、波浪非线性的沿程变化如图 4.1.5 所示,波浪在向岸传播的过程中没有出现明显的浅化过程,波高几乎保持不变。初始破波点(incipient breaking point)[174]出现在 $x=7$ m 处,之后波高出现衰减。当波浪传播到人工沙坝上方时,波浪发生浅化,波高从 0.15 m 增加到 0.16 m。当波浪越过人工沙坝时,波浪发生显著破碎,波高从 0.16 m 衰减至 0.12 m。波浪在向岸传播的过程中,其速度不对称性(S_k)逐渐增大,到达破波点后开始减小。当波浪传播到人工沙坝上方时,随着波浪的浅化,S_k 开始增大。当波浪越过人工沙坝坝顶,波浪剧烈破碎,

S_k 迅速减小。进一步向岸,随着波浪的恢复,S_k 缓慢增大随后在岸边减小。波浪加速度不对称性(A_s)的沿程变化规律与 S_k 不同,A_s 的沿程为负值。随着波浪向近岸传播,A_s 的绝对值逐渐增大,即使在初始破波点也并未减小。在人工沙坝坝顶处,A_s 的绝对值显著减小。U_r 是表征波浪非线性的无量纲参数之一,U_r 越大代表波浪非线性越强。从 $x=0$ m 处到人工沙坝上方,U_r 逐渐增大,当波浪经过人工沙坝坝顶时 U_r 开始减小。在内破波带(人工沙坝与岸线之间的区域),U_r 缓慢增大。波陡的沿程变化规律与 U_r 类似,波陡先增大再减小,代表波浪恢复后随着水深的进一步衰减而破碎。

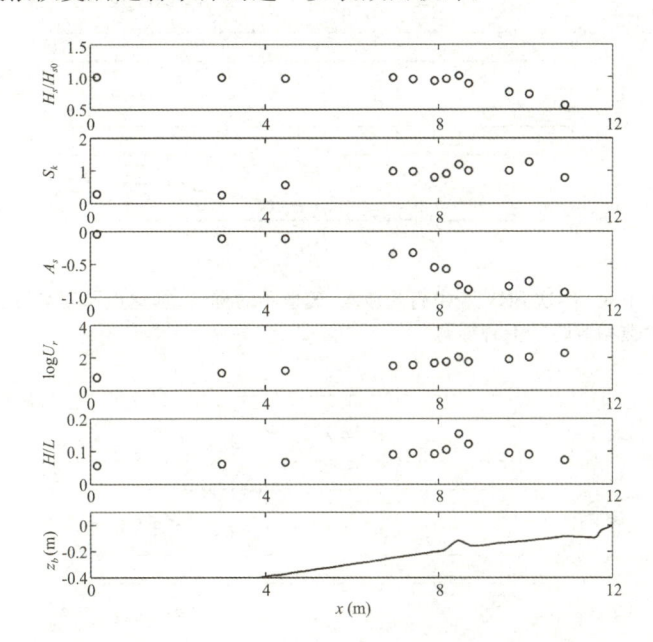

图 4.1.5 组次 SRV_1 中有效波高、速度不对称性、加速度不对称性、厄塞尔数和波陡的沿程变化

图 4.1.6～图 4.1.8 分别给出了组次 SRV_2～SRV_4 中的波浪参数沿程分布情况,可以看出波浪参数沿程分布规律基本相似,剖面上出现了三次较为强烈的破碎,分别是:初始破波点(人工沙坝离岸侧)、人工沙坝位置处和岸边破波点。相比于初始破波点前后波浪的浅化与破碎,人工沙坝上方的波浪浅化与破碎更为剧烈。在人工沙坝上方,波浪加速度不对称性、厄塞尔数与波陡都达到了极值,说明人工沙坝上方的波浪具有较强的非线性特征。

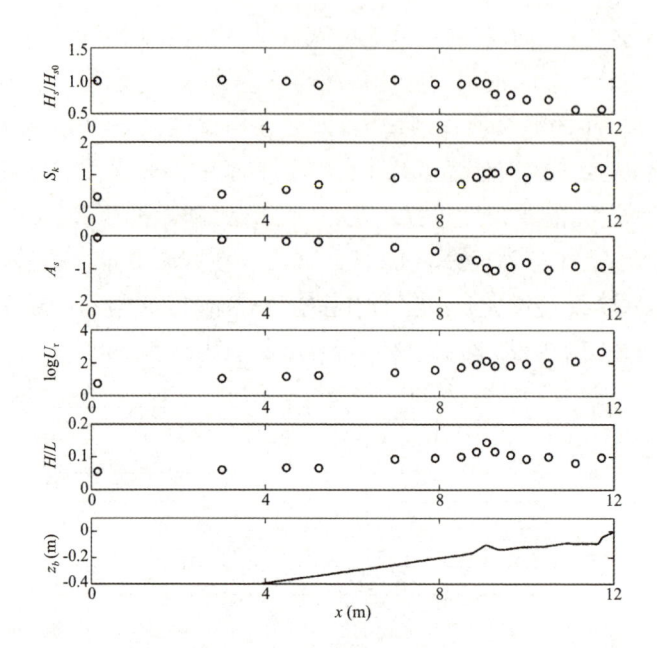

图 4.1.6　组次 SRV_2 中有效波高、速度不对称性、加速度不对称性、厄塞尔数和波陡的沿程变化

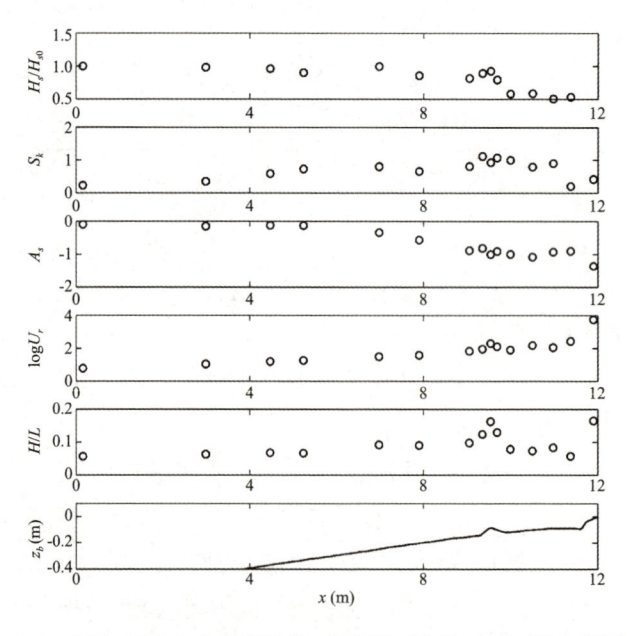

图 4.1.7　组次 SRV_3 中有效波高、速度不对称性、加速度不对称性、厄塞尔数和波陡的沿程变化

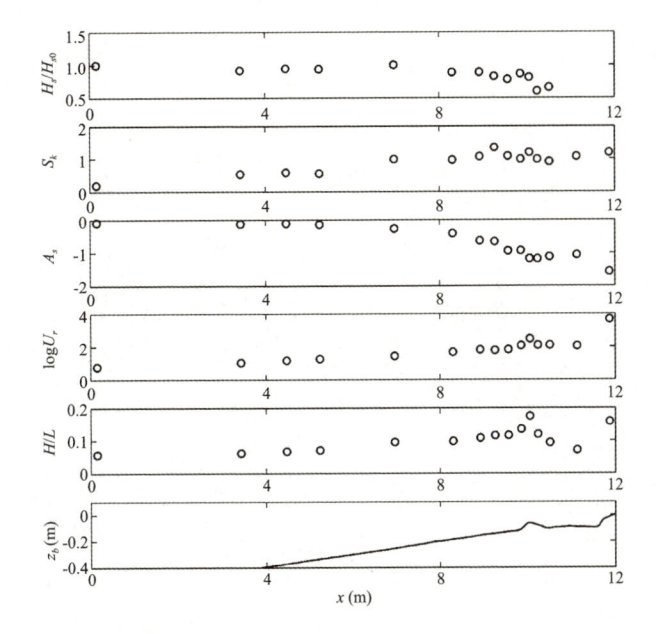

图 4.1.8　组次 SRV_4 中有效波高、速度不对称性、加速度不对称性、厄塞尔数和波陡的沿程变化

　　风暴条件下,过渡型海滩剖面上的波浪参数沿程分布规律如图 4.1.9 和图 4.1.10 所示。在图 4.1.9 中,波浪在传播到外沙坝之前并没有表现出明显的浅化,在外沙坝坝顶($x=6$ m)处波高明显衰减,此处为第一个明显的破波点。当波浪传播到人工沙坝向海侧斜坡时,波高开始增大,当传播到人工沙坝坝顶时,波浪第二次集中破碎,波高衰减。当波浪传播到内沙坝时,波浪第三次集中破碎,波高先增大后减小。波浪速度不对称性与加速度不对称性的沿程变化趋势相似。波浪非线性参数的量值在人工沙坝向海侧逐渐增大,在人工沙坝坝顶处达到极大随后减小,在靠近岸边时开始增大。厄塞尔数与波陡的沿程变化趋势也与之相似,唯一的区别在于,在岸边的厄塞尔数增大而波陡减小,这是由于厄塞尔数受水深的影响较大。在图 4.1.10 中,波浪在人工沙坝向海侧斜坡上浅化,波高增大,经过人工沙坝后,波高衰减。当波浪传播到内沙坝上方时,波高再次增大后减小。波浪速度不对称性在人工沙坝上方保持不变,经过人工沙坝后开始增大,到岸边衰减。波浪加速度不对称性的绝对值在人工沙坝上方达到极值点,到岸边增大。厄塞尔数和坡度的沿程变化趋势与图 4.1.9 中的一致。

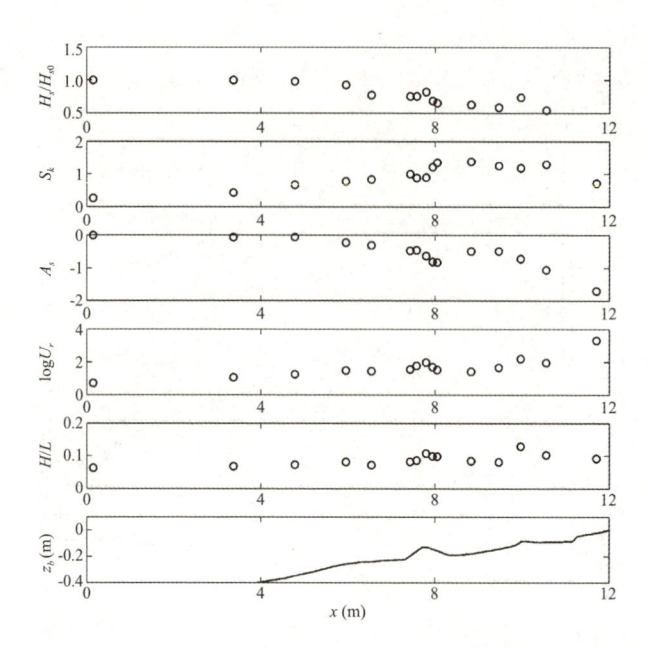

图 4.1.9　组次 SI_1 中有效波高、速度不对称性、加速度不对称性、厄塞尔数和波陡的沿程变化

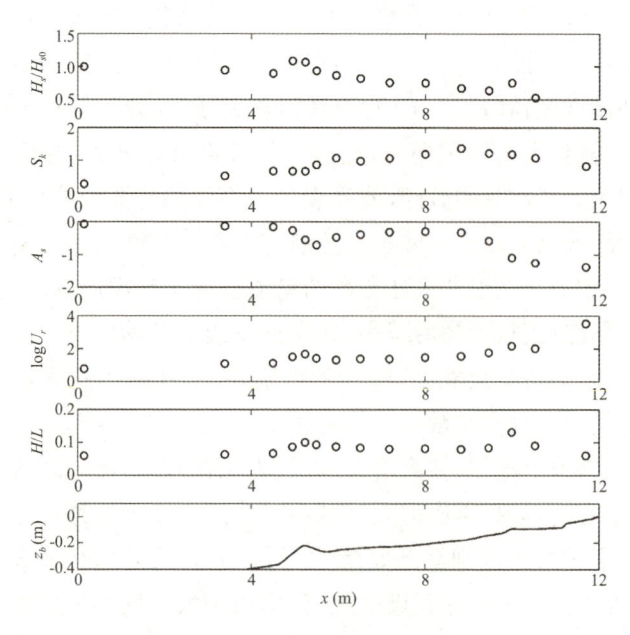

图 4.1.10　组次 SI_2 中有效波高、速度不对称性、加速度不对称性、厄塞尔数和波陡的沿程变化

综上所述，人工沙坝上方波浪传播变形是一个强非线性过程，波高与波浪非线性参数达到局部极大值，风暴条件下，波浪在经过人工沙坝之前已经历了浅化与破碎，改变人工沙坝铺设位置对初始破波点位置的影响可忽略不计。

常浪条件下，反射型海滩剖面上的波浪参数沿程分布规律如图 4.1.11～图 4.1.15 所示。组次 MR_1～MR_5 中，人工沙坝地形剖面一致，但波浪条件不同，具体参见表 2.4.2。

如图 4.1.11 所示，组次 MR_1 中的波浪在人工沙坝向海侧 $x=7$ m 到 $x=8$ m 区域内明显浅化，波高增长了 13%。在人工沙坝向海侧斜坡上，浅化过程更显著，波高增长了 22%。在越过人工沙坝之后波浪破碎，从坝顶位置 ($x=8.6$ m) 到人工沙坝向岸侧坡脚 ($x=9.3$ m)，波高衰减了 19%。与风暴条件下的组次一样，波浪速度不对称性和加速度不对称性的绝对值在人工沙坝上方达到极大，并向两侧减小。厄塞尔数和波陡的沿程变化规律一致，在人工沙坝上方达到极大值点。

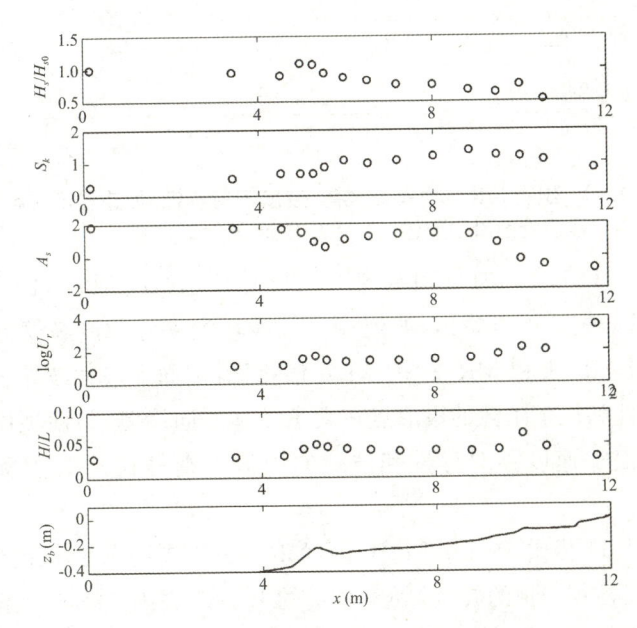

图 4.1.11　组次 MR_1 中有效波高、速度不对称性、加速度不对称性、厄塞尔数和波陡的沿程变化（$H_{s0}=0.05$ m，$T_p=2.5$ s）

如图 4.1.12 所示，组次 MR_2 中的波高在人工沙坝向海侧 $x=7.3$ m 到 $x=8$ m 区域内增长了 9%。在人工沙坝向海侧斜坡上，从 $x=8$ m 到 $x=$

8.6 m,波高增长了17%。从人工沙坝坝顶到人工沙坝向岸侧坡脚,波高衰减了将近27%。波浪速度不对称性在人工沙坝向岸侧达到极大值,与人工沙坝坝顶存在空间差。波浪加速度不对称性在人工沙坝上方达到极大值。厄塞尔数和波陡呈现出相似的规律。

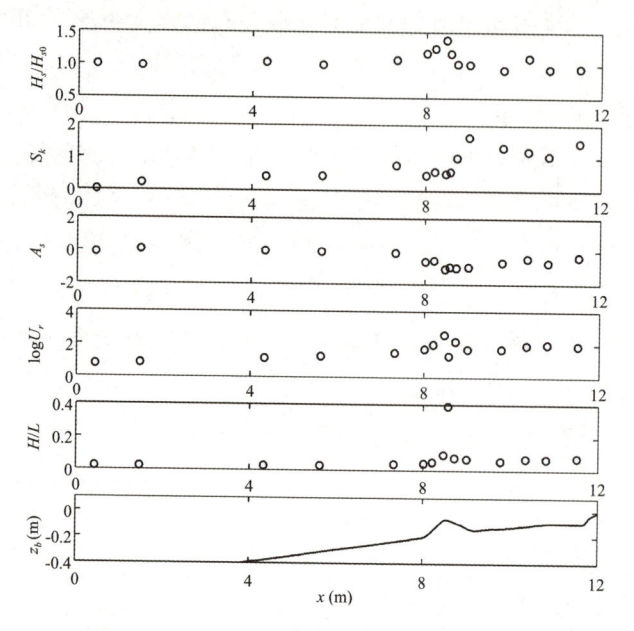

图 4.1.12　组次 MR_2 中有效波高、速度不对称性、加速度不对称性、厄塞尔数和波陡的沿程变化($H_{s0}=0.05$ m, $T_p=2$ s)

与图 4.1.11 和图 4.1.12 比,图 4.1.13 中所示组次 MR_3 的入射波高不变,周期显著缩短。可以看出,波浪在人工沙坝坝顶处的波高仅为入射波高的 1.1 倍,与 MR_1 和 MR_2 中的 1.4 倍相比,剖面上最大波高较小。波浪速度不对称性和厄塞尔数的极值点在人工沙坝的向岸侧,与沙坝坝顶存在空间差异。波浪加速度不对称性和波陡的极值点则是在人工沙坝的坝顶位置处。

与图 4.1.11 相比,图 4.1.14 中所示 MR_4 的波周期不变,波高变为 MR_1 的 2 倍。人工沙坝坝顶的波高为入射波高的 1.2 倍,在内破波带,波浪再次浅化后破碎,使得波浪在到达岸边时,波浪能量被充分耗散。波浪速度不对称性、加速度不对称性、厄塞尔数和波陡在人工沙坝坝顶处达到极大值,并向两侧减小。在内破波带,波浪速度不对称性和厄塞尔数有再次增大的趋势。

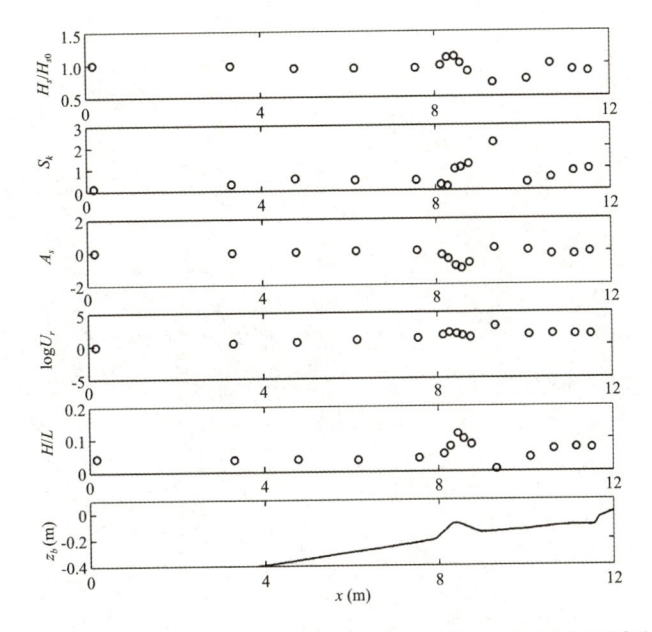

图 4.1.13 组次 MR_3 中有效波高、速度不对称性、加速度不对称性、厄塞尔数和波陡的沿程变化（$H_{s0}=0.05$ m, $T_p=1.0$ s）

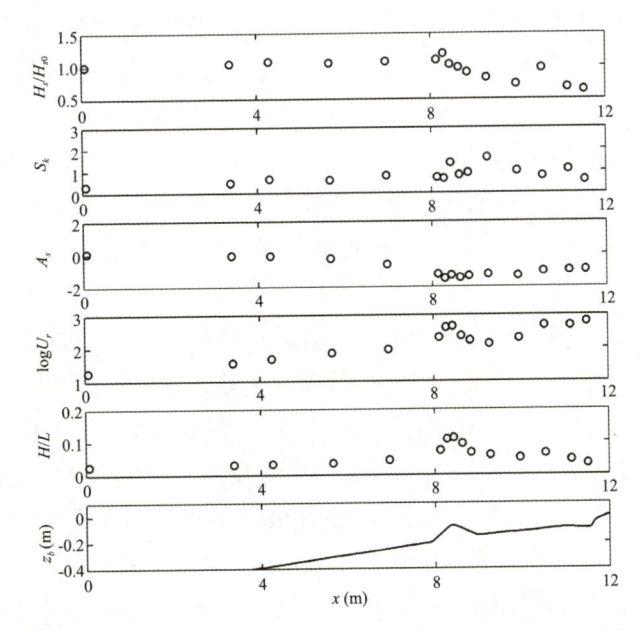

图 4.1.14 组次 MR_4 中有效波高、速度不对称性、加速度不对称性、厄塞尔数和波陡的沿程变化（$H_{s0}=0.1$ m, $T_p=2.5$ s）

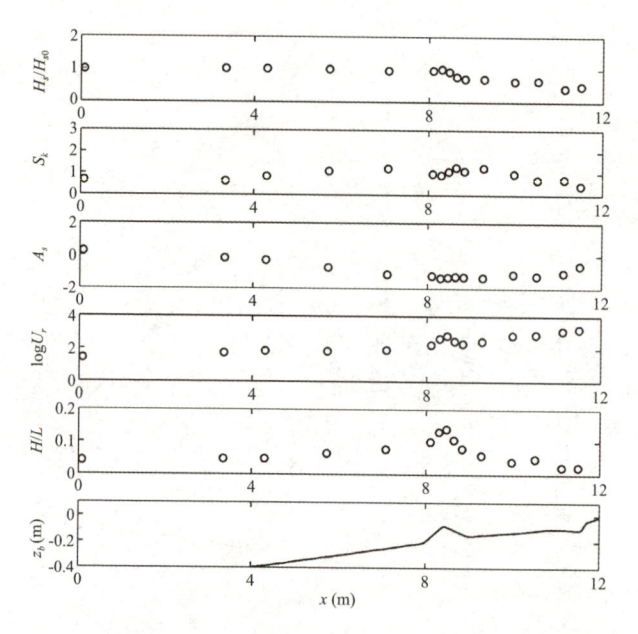

图 4.1.15 组次 MR_5 中有效波高、速度不对称性、加速度不对称性、厄塞尔数和波陡的沿程变化（$H_{s0}=0.2$ m，$T_p=2.5$ s）

图 4.1.15 中所示组次 MR_5 在所有组次中入射波高最大，$H_{s0}=0.2$ m。在人工沙坝向海侧斜坡上，波浪没有呈现出明显的浅化趋势，波高几乎保持不变。波浪速度不对称性在人工沙坝向海侧开始减弱，说明波浪在到达人工沙坝坝顶前已发生破碎。波浪加速度不对称性绝对值的最大值出现在人工沙坝上方的一整块区域内。厄塞尔数和波陡在人工沙坝向海侧斜坡上增大，在坝顶达到极大值后衰减。在内破波带，厄塞尔数向岸增大，而波陡向岸减小。

常浪条件下，过渡型海滩剖面上的波浪参数沿程分布规律如图 4.1.16 和图 4.1.17 所示。从图 4.1.16 中可以看出，波浪在外沙坝上方出现明显浅化，波浪从 $x=4.8$ m 处开始增大，并在越过人工沙坝坝顶后开始减小。波浪速度不对称性和加速度不对称性的极值点出现在人工沙坝坝顶向岸侧，之后减小并在接近岸边时再次增大。厄塞尔数和波陡在人工沙坝坝顶达到极大值，在沙坝两侧减小，并在内破波带逐渐增大后再次减小。图 4.1.17 中的波高及非线性参数变化趋势与图 4.1.16 中的类似，区别在于人工沙坝坝顶上波高及波浪非线性的量值较小。

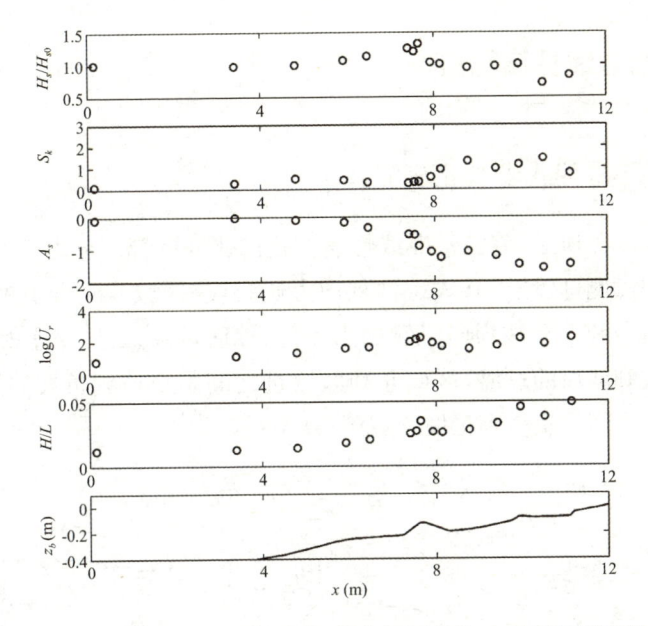

图 4.1.16　组次 MI_1 中有效波高、速度不对称性、加速度不对称性、厄塞尔数和波陡的沿程变化

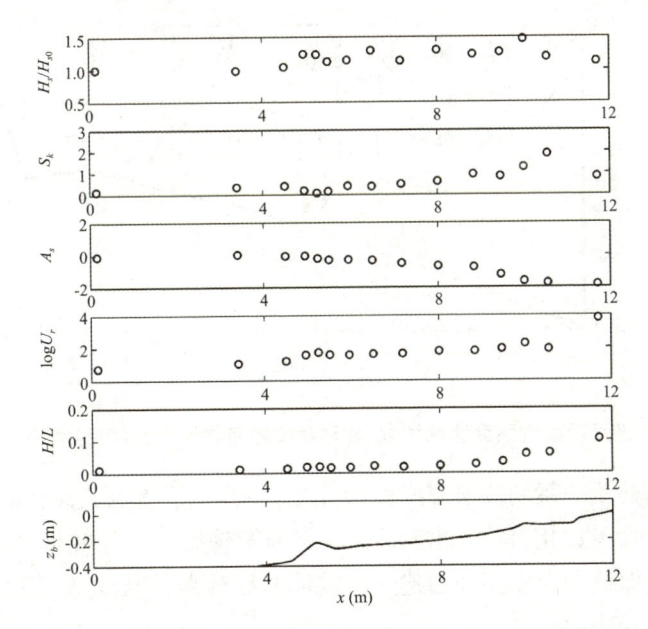

图 4.1.17　组次 MI_2 中有效波高、速度不对称性、加速度不对称性、厄塞尔数和波陡的沿程变化

4.2 波浪非线性演化机制

4.2.1 波浪非线性参数化研究

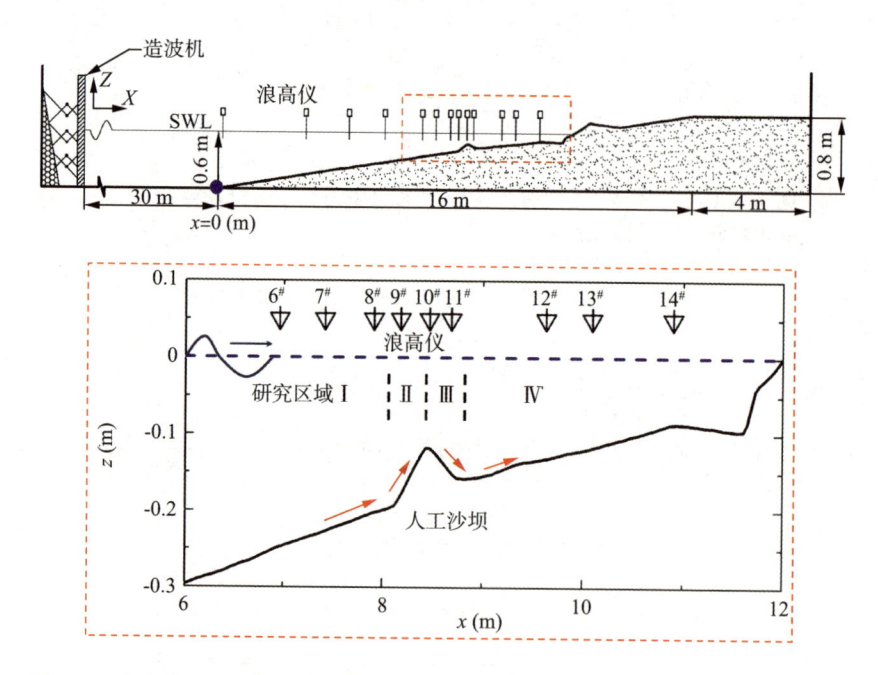

如图 4.2.1 所示,将波浪非线性参数化的研究区域划分为 4 块,分别是:人工沙坝向海侧(区域Ⅰ)、人工沙坝向海侧斜坡(区域Ⅱ)、人工沙坝向岸侧斜坡(区域Ⅲ)和人工沙坝向岸侧的水下部分(区域Ⅳ)。区域Ⅰ和区域Ⅱ之间是从缓坡到陡坡的过渡,区域Ⅱ和区域Ⅲ之间是正坡到负坡的过渡,区域Ⅲ和区域Ⅳ之间是负坡到正坡的过渡。

图 4.2.1 波浪非线性研究区域划分、地形及仪器布置示意图(以组次 SRV_1 为例)

前人构建了一系列波浪非线性参数化公式,本节重点关注在陡坡上校核的波浪非线性参数化公式,如潜堤陡坡与珊瑚礁海岸前缘陡坡。Peng 等[62]在潜堤的向海侧和向岸侧分别建立了波浪非线性参数与厄塞尔数的关系,记为 P2009i 和 P2009t:

P2009i
$$S_k = -11.32\tanh(\frac{0.42}{U_r}) + 1.17 \qquad (4.2.1)$$

P2009i $$A_s = -1.23\tanh(\frac{-15.82}{U_r}) - 1.16 \quad (4.2.2)$$

P2009t $$S_k = 2.97\tanh(\frac{-9.16}{U_r}) + 3.04 \quad (4.2.3)$$

P2009t $$A_s = -0.015 U_r^2 + 0.22 U_r - 0.41 \quad (4.2.4)$$

Chen 等[163]在珊瑚礁地形上建立了波浪速度不对称性与厄塞尔数的关系,以及波浪加速度不对称性与厄塞尔数、坡度的关系,记为 C2019:

C2019 $$S_k = 1.16 e^{-[(\frac{U_r - 250}{250})^2]} \quad (4.2.5)$$

C2019 $$A_s = [0.99\tanh(5.5m) - 1.9] \times [\tanh(\frac{U_r}{300}) + 0.15] \quad (4.2.6)$$

这些公式均是在坡度较为单一的地形上校核,P2009i 的坡度为 0.5,P2009t 的坡度为 -0.5,C2019 的坡度分别为 0.4、0.2、0.1 和 0.05。如图 4.2.2 所示,本研究中 U_r 的范围为 4~180。区域 I 中的数据点集中在 4~60 之间,总体上 S_k 和 A_s 随 U_r 的增大而增大(量值)。在区域 II 和区域 III 中,S_k 和 A_s 较为稳定,分别在 1 和 -1 附近。在区域 I 和区域 II 中,P2009i 与实测 S_k 吻合较好,R^2 为 0.55。尽管 P2009i 是在低厄塞尔数条件下校核($8<U_r<58$)[62],但是 P2009i 在厄塞尔数较大时($U_r>60$)也表现出较好的预测精度。在区域 III 和区域 IV 中,P2009t 没有准确模拟出 S_k 的和 A_s 的变化趋势。P2009t 的计算值在 U_r 较小时增长速率较快,当 $U_r>20$ 时,S_k 的计算值就已经大于 2;同样,$0<U_r<20$ 时,A_s 大幅度减小。当 U_r 较大时,采用 P2009t 的波浪非线性参数计算值将远大于(量值)实测值。一个可能的原因是,P2009t 是在极低厄塞尔数的条件下校核的($1<U_r<15$),由 Peng 等[62]的研究结果可知,当 $U_r=13$ 时,S_k 达到 1.2,这个区间中的 A_s 在 -0.6~0.4 之间。在潜堤的向岸侧,波浪非线性的量值较高,这是由破波水滚的演化和破波点与潜堤堤顶之间的空间差异造成的[175,176]。C2019 在 $4<U_r<180$ 区间内低估了 S_k,并且在 U_r 继续增大时没有表现出稳定的特征。由于本研究中坡度的变化范围在 -0.15~0.3 之间,在图 4.2.2(b)中将 $m=-0.15$ 和 $m=0.3$ 带入 C2019 中计算,作为坡度的上下限。可以发现,区域 I 和区域 II 之间的数据点都在 C2019 的两条线之间,区域 III 和区域 IV 中的数据点则并不在此范围内。

P2009i 具有较好的计算精度是由于 P2009i 也是在较陡的坡度上校核

($m=0.5$)。根据 Dong 等[60]的研究结果可知,陡坡对三波相互作用和频率间的能量转移有重要的影响。尽管 C2019 中的部分数据也是在较陡的地形上校核,但是在本研究中预测效果不理想,这是因为 C2019 中大部分数据点被布置在水平的礁坪上,这些数据点受陡坡的影响较小。总而言之,P2009i 的计算精度要高于 C2019,不过在人工沙坝地形上,这些公式的计算精度还有待提高。采用更大范围坡度上的实测数据对波浪非线性参数进一步参数化,并且在此基础上厘清坡度对波浪非线性演化的影响机制是有必要的。

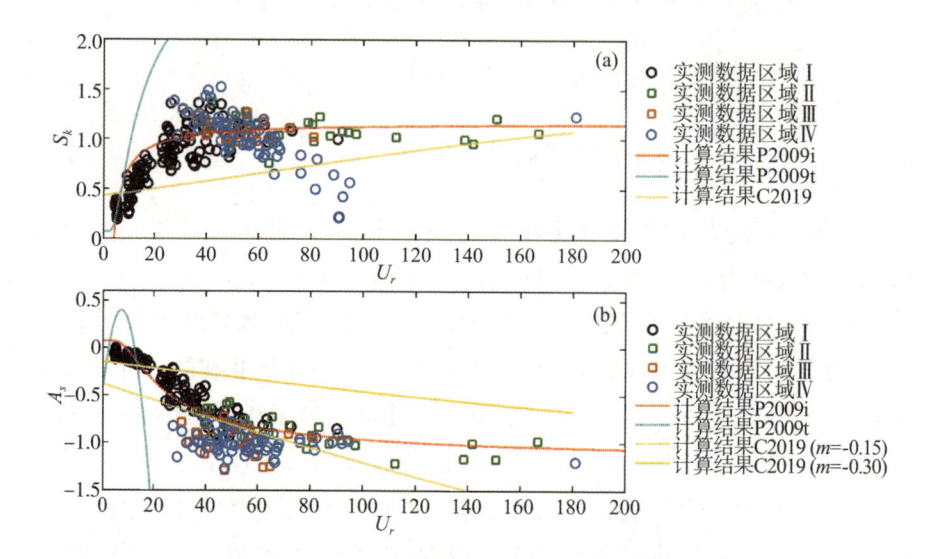

图 4.2.2 (a)波浪速度不对称性和(b)加速度不对称性与厄塞尔数的关系

由于在研究中并没有发现 S_k 和 m 的直接关系,故本书采用分段拟合法将整个数据根据坡度大小分成 12 个区间。该方法也曾被用于拟合波浪破碎指标与入射波陡、局地水深之间的综合关系[177]。各个坡度区间对应的 S_k-U_r 如图 4.2.3 所示,图 4.2.3 中的蓝色虚线代表采用对数函数的拟合曲线,R^2 小于 0.2 的拟合曲线没有画出。当 $0.03<m<0.08$ 时,S_k 随 U_r 的增大而增大。在图 4.2.3(a),(k),(l)中,S_k 随 U_r 的变化较为稳定,在 1 附近。图 4.2.3(b)所示在负坡上,可以看出 S_k 随 U_r 的增大而减小。

由于在大多数区间内,对数函数能够准确地描述 S_k-U_r 关系。据此,本研究提出了综合考虑 U_r 和 m 的 S_k 表达式:

$$S_k = f(m)\ln(U_r) + g(m) \tag{4.2.7}$$

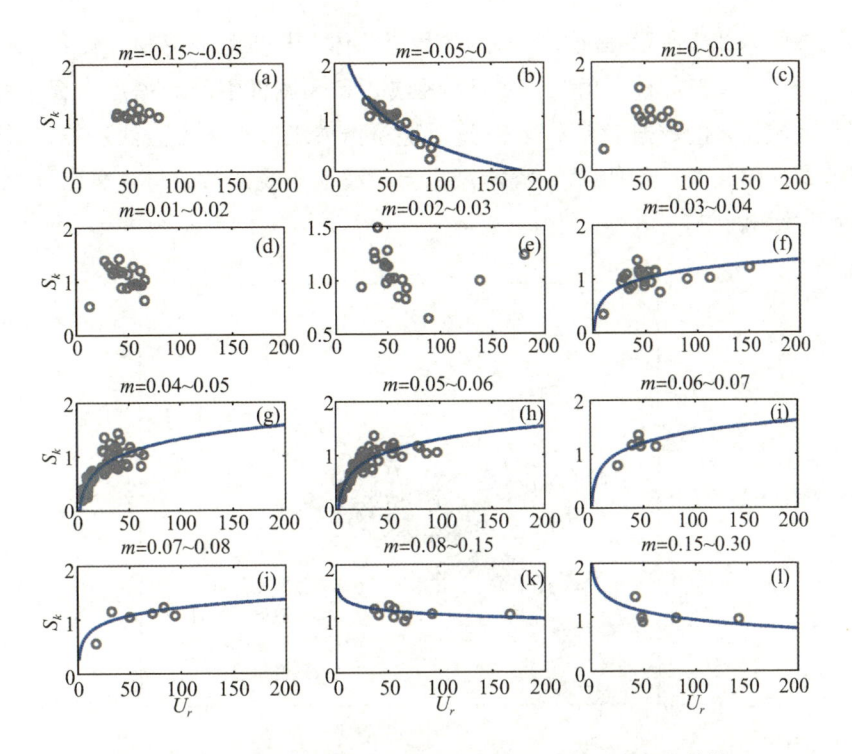

图 4.2.3　各个坡度区间内波浪速度不对称性与厄塞尔数的关系

式中：$f(m)$和$g(m)$为对数函数的系数，均为坡度的函数。为了率定这两个系数函数，将图 4.2.3 中各个区间拟合的对数函数的系数与区间坡度的平均值进行拟合。如图 4.2.4 所示，$f(m)$和$g(m)$均可以表示为坡度的三次函数，R^2均为 0.99。因此，式(4.2.7)可以进一步表示为

$$S_k = (-40.08m^3 - 11.75m^2 + 5.06m + 0.08)\ln(U_r) + \\ 155.97m^3 + 51.09m^2 - 20.2m + 0.71 \quad (4.2.8)$$

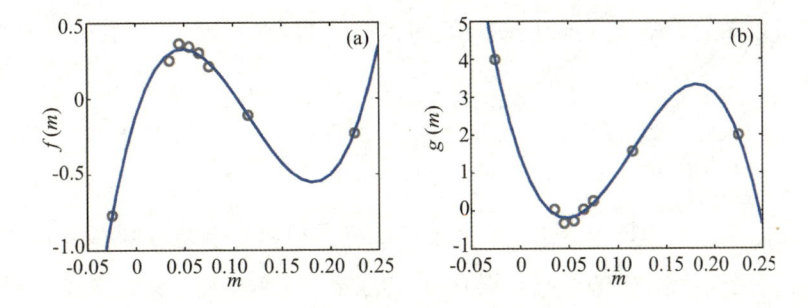

图 4.2.4　$f(m)$和$g(m)$与m的拟合关系

如图 4.2.5 所示,式(4.2.8)的计算值总体上与实测数据吻合较好,R^2 为 0.6。式(4.2.8)的计算值与区域Ⅰ、区域Ⅱ和区域Ⅲ中的数据点吻合较好,但与区域Ⅳ中的数据点关系较差,这可能是由人工沙坝上方强烈的破碎所形成的紊动引起的。此外,底部离岸流也会对波浪非线性参数与厄塞尔数的关系产生影响[178]。

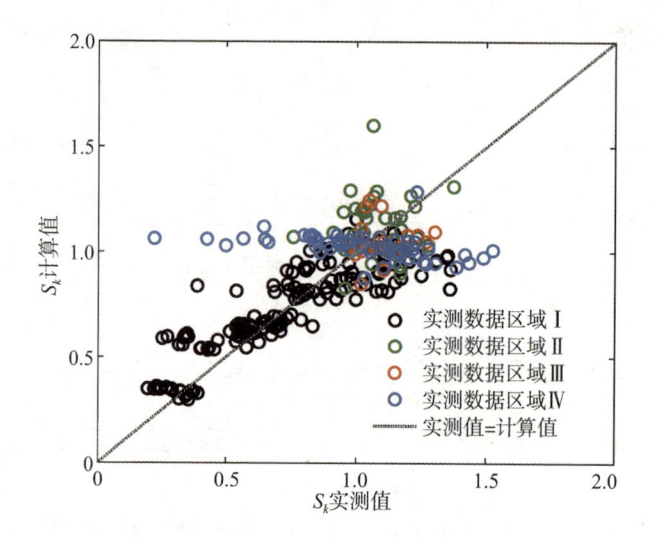

图 4.2.5 采用式(4.2.8)的 S_k 计算值与实测值对比图

尽管以往对于 A_s 的参数化研究也曾考虑坡度的影响,但是都只考虑了特殊的坡度,比如 Dong 等[60]只考虑了 3 种斜坡,Chen 等[163]考虑了 4 种礁坪前缘斜坡。在本研究中,基于更广泛的坡度校核 A_s 的参数化关系。与上述校核 S_k 的方法一致,首先根据坡度的大小将数据分为 12 组,再拟合每组中的 A_s-U_r 关系。如图 4.2.6 所示,虽然每组数据采用的坡度不同,但是 A_s 总是随着 U_r 的增大而减小。除了第一组的数据点规律不明显,其余各组中的 A_s 与 U_r 均满足对数函数关系。与上述校核 S_k 的方法一致,本书提出了新的 A_s 参数化公式:

$$A_s = (-7.8m^3 + 13.13m^2 - 2.67m - 0.31)\ln(U_r) - \\ 1.58m^3 - 50.21m^2 + 13m + 0.3 \quad (4.2.9)$$

从图 4.2.7 中可以看出,式(4.2.9)的计算值与实测数据吻合较好,R^2 为 0.83。由于本研究中的实测数据有限,如在第一个数据中,A_s-U_r 关系不明显,因此式(4.2.9)的推荐使用范围为:$U_r \in (4,180)$ 和 $m \in (-0.05,0.3)$。为了

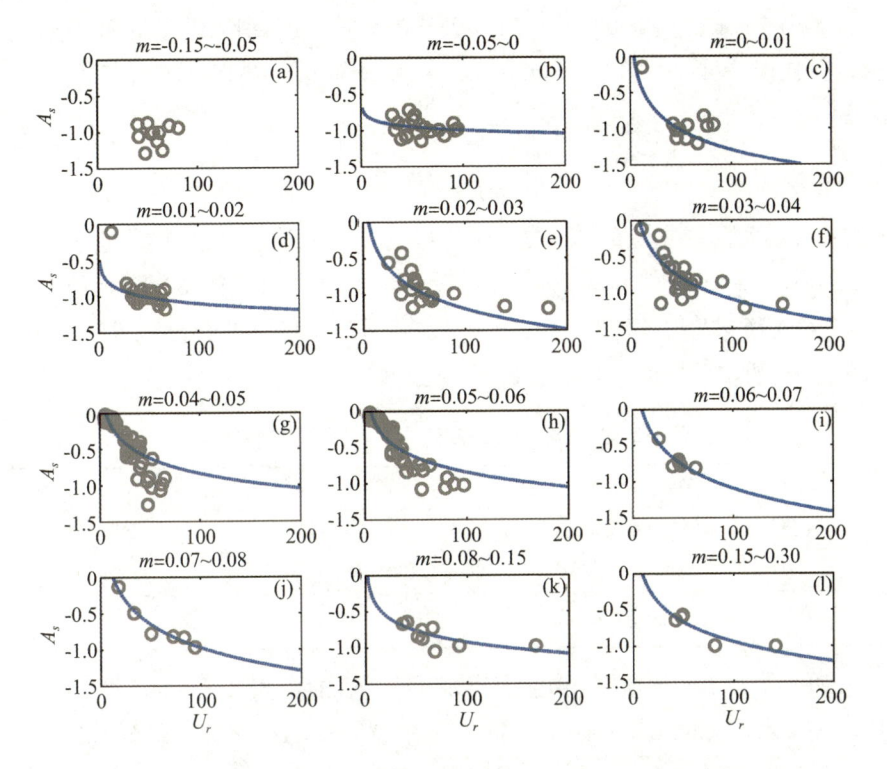

图 4.2.6　各个坡度区间内波浪加速度不对称性与厄塞尔数的关系

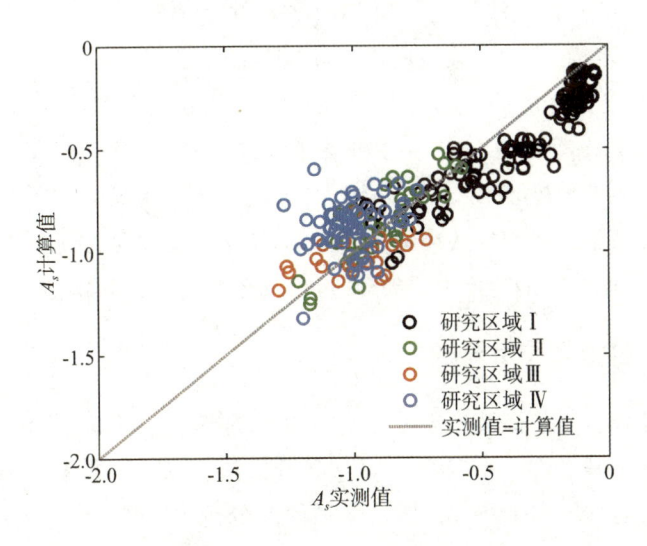

图 4.2.7　采用式(4.2.9)的 A_s 计算值与实测值对比图

比较本书中公式与 P2009i 和 C2019 公式的计算精度,引入误差指标——均方根百分比误差(Root-Mean-Square Percentage Error,RMSPE),定义为

$$RMSPE = \sqrt{\frac{1}{N}\sum_{i=1}^{N}(\frac{M_i - O_i}{O_i})^2} \times 100\% \qquad (4.2.10)$$

式中:N 是实测数据点的总个数;M 和 O 分别表示实测值和计算值。各个公式的 RMSPE 值如表 4.2.1 所示,可以看出本书中公式的 RMSPE 值最小。与 P2009i 和 C2019 相比,本书中公式在计算 S_k 时误差分别减小了 6% 和 47%,在计算 A_s 时,误差减小了 22% 和 35%。

表 4.2.1 各个公式对应的均方根百分比误差(%)

公式	S_k	A_s
式(4.2.8)和式(4.2.9)	22	13
P2009i	28	35
C2019	69	48

如图 4.2.2 所示,在区域Ⅳ中出现了 S_k-U_r 的负相关关系,这种 S_k-U_r 的负相关关系在 Chen 等的论文中也出现过(当 U_r>250 时)。在图 4.2.3 中,通过将坡度分段拟合,发现 S_k-U_r 的负相关关系出现在 -0.05~0 的坡度范围中。在本研究中,人工沙坝初始时刻向岸侧的负坡度较陡,而向海侧的正坡度较陡,水深较浅。因此,波浪通常以卷破波的形式破碎,破波水滚传递紊动致使此时负坡上的水动力较为复杂,因此在第一组中 S_k-U_r 的关系不明显。对于较缓的负坡,通常出现在经过波浪充分作用的人工沙坝上,与此同时,人工沙坝向海侧的坡度也较缓,水深变大,人工沙坝引起波浪破碎的能力减小使得非线性波浪未经破碎传播到负坡上。在单个波尺度上,波峰的水深大于波谷水深,因此波峰的速度大于波谷速度,S_k 随 U_r 的减小而增大。

4.2.2 三波相互作用分析

波浪在浅水中传播波形发生变化是由谱峰频率和其高倍频之间的能量转移引起的。基于连续小波变换的双谱分析法是揭示三波相互作用机制的常用方法,经常被应用于波浪非线性过程的分析中[60,163,168]。有关连续小波变换双谱分析法的详细介绍可以参考文献[179],这里仅提供一个简要的介绍。小波二阶谱 $B(f_1, f_2)$ 定义为

$$B(f_1,f_2)=\int_\Gamma WT(f_1,\tau)\,WT(f_2,\tau)\,WT^*(f_3,\tau)\mathrm{d}\tau \quad (4.2.11)$$

式中：Γ 表示分析信号的时长；τ 为表示时间尺度的参数；f_1、f_2 和 f_3 满足 $f_3=f_1+f_2$；$B(f_1,f_2)$ 表示 f_1、f_2 对应能量与 f_3 对应能量之间相互作用的强度。$B(f_1,f_2)$ 的实部体现波浪速度不对称的强度，虚部对应加速度不对称的强度，并且虚部控制能量的传递。当虚部为正，代表波浪能量从低频向高频传递，反之则反。对小波二阶谱进行归一化，则得到小波二阶相干谱 $b(f_1,f_2)$，其定义为

$$b(f_1,f_2)=\frac{|B(f_1,f_2)|}{\left[\int_T|WT(f_1,\tau)\,WT(f_2,\tau)|\mathrm{d}\tau\right]\int_T|WT(f,\tau)|\mathrm{d}\tau}$$

$$(4.2.12)$$

式中：$b(f_1,f_2)$ 的变化范围在 0～1 之间。$b(f_1,f_2)=1$ 说明频率之间充分耦合，$b(f_1,f_2)=0$ 则说明完全随机。组次 SRV_1 初始时刻的小波二阶相干谱、二阶小波谱的虚部和实部如图 4.2.8 所示。在浅化区 f_p 与 f_p 之间，f_p 与 $2f_p$ 之间体现出较强的相位耦合，即 $b(f_p,f_p)=0.30$，$b(2f_p,f_p)=0.45$。当波浪传播到初始破波点与人工沙坝之间时（即图 4.2.1 中的 8$^\#$ 处），$b(f_p,f_p)$ 增长到 0.54。此外，谱峰频率与其高倍频之间的耦合也开始出现，如主频和三次谐波 $b(3f_p,f_p)=0.46$，谱峰频率和四倍频 $b(4f_p,f_p)=0.47$。当波浪从 8$^\#$ 处传播到人工沙坝上方时（即图 4.2.1 中的 9$^\#$ 处）时，水深和坡度的变化使得 $b(f_p,f_p)$ 从 0.54 进一步增长到 0.59，谱峰频率与其高倍频之间的耦合也得到增强，如 $b(3f_p,f_p)$ 从 0.46 增长到 0.56，$b(4f_p,f_p)$ 从 0.47 增长到 0.59。此外，高倍频之间的相位耦合也开始出现，如谱峰频率的三倍频与二倍频 $b(3f_p,2f_p)$，谱峰频率的四倍频和二倍频 $b(4f_p,2f_p)$。当波浪传播到人工沙坝坝顶时，更多高倍频之间的相位耦合开始出现，如 $b(5f_p,2f_p)$ 和 $b(5f_p,3f_p)$。

综上所述，由人工沙坝引起的当地水深突变与地形陡变对三波相互作用的影响可以概括为：(1) 人工沙坝加强了谱峰频率与谱峰频率之间的耦合，以及谱峰频率与其高倍频之间的耦合；(2) 使得更高倍频的谐波参与耦合。从图 4.2.8 中间一行可以看出谱峰频率与谱峰频率、谱峰频率与其高倍频的小波谱虚部为正值。当波浪从 8$^\#$ 传播到 9$^\#$ 时，f_p 与 $2f_p$、$3f_p$ 和 $4f_p$ 的和作用（指能量从 f_1、f_2 转移到 f_1+f_2）逐渐增强，这从本质上引起了 A_s（量值）在人

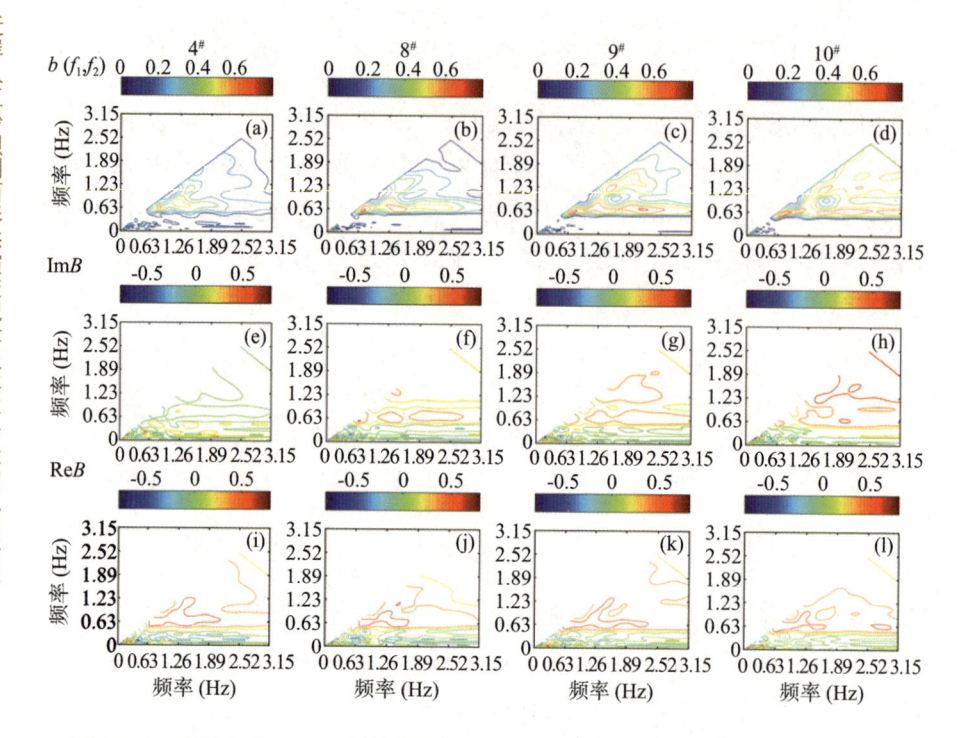

图 4.2.8 实验组次 SRV_1 初始时刻小波相干谱、二阶小波谱虚部和实部等值线图

工沙坝向海侧斜坡上逐渐增大。通过比较图 4.2.8(g)和(h)可以发现,在人工沙坝坝顶处,更高频的谐波也参与了和作用。小波谱实部呈现出的规律类似,因此当波浪从较缓的天然地形向较陡的人工沙坝向海侧斜坡传播时,和作用使得波浪速度不对称性和加速度不对称性的量值增大。

根据 Dong 等[60]的研究,$b(f_p,f_p)$ 受地形坡度的影响较大,坡度对 $b(2f_p,f_p)$ 的影响则可以忽略不计,并提出了 $b(f_p,f_p)$ 和 $b(2f_p,f_p)$ 的参数化关系式(记为 D2014):

$$b(f_p,f_p) = (0.5e^m)\ln(U_r) - 0.05 \quad (4.2.13)$$

$$b(2f_p,f_p) = 0.09\ln(U_r) - 0.12 \quad (4.2.14)$$

如图 4.2.9 所示,实测 $b(f_p,f_p)$ 大于 D2014 的计算值。在本研究中,坡度的范围在 −0.15~0.3 之间,大部分数据点的坡度在 0.05~0.1 之间。图 4.2.9 中的颜色代表坡度,可以看出,绿色-蓝色的数据点(坡度较小)在 D2014 曲线附近。本研究中的 $b(2f_p,f_p)$ 实测值大于 D2014 计算值,只有极少数坡度较小的数据点在 D2014 附近。由此可以推断出坡度对 $b(f_p,f_p)$ 和

$b(2f_p,f_p)$的影响均是不可忽略的,$b(f_p,f_p)$和$b(2f_p,f_p)$随着坡度的增大而增大。

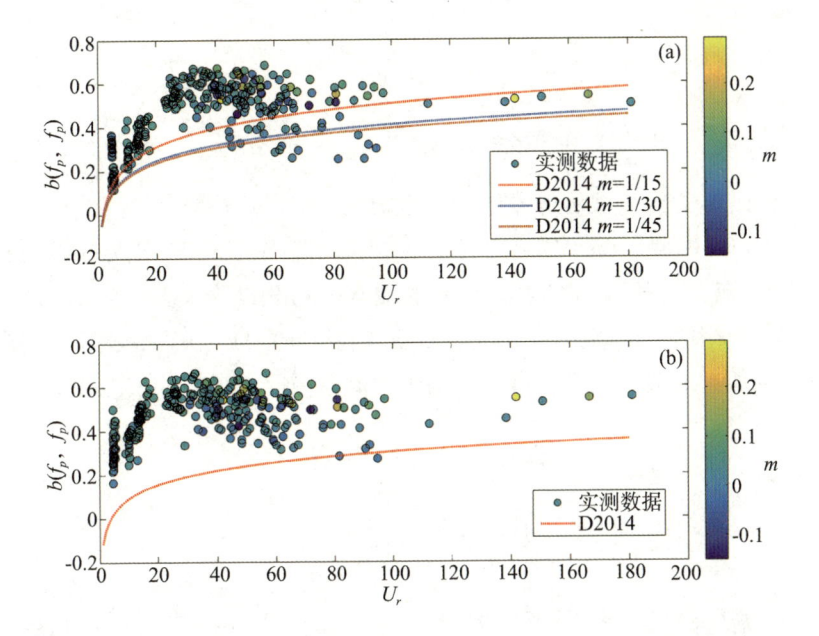

图 4.2.9 (a)$b(f_p,f_p)$和厄塞尔数的关系;(b)$b(2f_p,f_p)$和厄塞尔数的关系

4.3 破碎波能耗散

4.3.1 参数化波能耗散模型精度评估

波能是人工沙坝与后方滩肩地貌形态演变的主要驱动力,人工沙坝主要依靠引起波能耗散从而对滩肩产生遮蔽效应。本节首先基于实验数据对参数化波浪模型进行校核与评估,之后根据波浪模型计算由人工沙坝引起的波能耗散,运用能量的观点解释在第三章中提及的人工沙坝与滩肩的地貌形态耦合关系。参数化波浪模型是指在周期平均的框架内,基于波能守恒(或波作用量守恒)方程,从深水向近岸推算波浪参数的模型。在此类模型中,能量的源汇项通常包括:由风成浪引起的能量输入;波与波之间的三波和四波非线性作用;由白浪、底摩阻和近岸波浪破碎引起的能量耗散[180,181]。随着波浪向岸边传播,水深变浅从而引起波浪破碎是波浪能量损耗的主要过程,波浪

破碎过程中的能量耗散通常采用参数化模型计算。

本研究采用波能守恒方程,从 $x=0$ m 处向岸推算波高,其控制方程为

$$\frac{\partial(E_w c_g)}{\partial x} = -D_b \quad (4.3.1)$$

式中:c_g 为波群速度;E_w 为波能密度函数,$E_w = \frac{1}{8}\rho g H_{\text{rms}}^2$。计算网格的步长为 0.01 m,$D_b$ 为由波浪破碎导致的能量损耗,其计算方法如下。

(1)BJ78 模型。Battjes 和 Janssen[182]基于波浪破碎和水跃过程的相似性,将单个破波的耗散与窄谱波波高的瑞利分布相结合,提出了 BJ78 模型。BJ78 模型采用一个固定的最大波高截断瑞利分布曲线以确定波浪破碎概率,并且认为所有的破碎波高都等于该最大波高。由此可得破碎波能耗散:

$$D_b = -\frac{1}{4}\alpha \rho g f Q_b H_{\text{rms}}^2 \quad (4.3.2)$$

$$\frac{1-Q_b}{\ln Q_b} = -\left(\frac{H_{\text{rms}}}{H_{\text{max}}}\right)^2 \quad (4.3.3)$$

式中:α 为常数;Q_b 为波浪破碎概率;H_{max} 为最大破碎波高。H_{max} 的其表达式为

$$H_{\text{max}} = \frac{0.88}{k}\tanh\left(\frac{\gamma}{0.88}kh\right) \quad (4.3.4)$$

式中:γ 为波浪破碎指标,是控制波浪破碎强度的关键参数,在 BJ78 模型中取值 0.80,在第三代相位平均波浪模型 SWAN 中取值 0.73[180]。在后续的研究中,Battjes 和 Stive[159](BS85)建立了破碎指标 γ 与深水波陡 s_0 之间的参数化关系:

$$\gamma = 0.5 + 0.4\tanh(33 s_0) \quad (4.3.5)$$

Nairn[183]重新率定上式中的系数:

$$\gamma = 0.39 + 0.56\tanh(33 s_0) \quad (4.3.6)$$

Salmon 等[184](SA15)提出了破碎指标与当地水深和坡度的联合关系,给出了较为复杂的表达式:

$$\begin{aligned}\gamma &= \gamma_1(m)/\tanh(\gamma_1(m)/\gamma_2(m)) \\ \gamma_1(m) &= \gamma_0 + a_1(m) \\ \gamma_2(kh) &= a_2 + a_3 kh\end{aligned} \quad (4.3.7)$$

式中：γ_0 为平坡上的破碎指标，取值 0.54；a_1、a_2 和 a_3 均为系数，分别取值 7.59、−8.06 和 8.09。Lin 和 Sheng[185] (LS17) 在此基础上重新率定了破碎指标与坡度的关系，他们认为式 (4.3.7) 中破碎指标与坡度之间的线性关系应修正为双曲正切关系：

$$\gamma = \gamma_1(m)/\tanh[\gamma_1(m)/\gamma_2(kh)]$$
$$\gamma_1(m) = b_0 + b_1 \exp(-b_2/m) \qquad (4.3.8)$$
$$\gamma_2(kh) = a_2 + a_3 kh$$

式中：b_0、b_1 和 b_2 采用现场数据率定的最优值，分别取值 0.54、0.47 和 0.018。

(2) TG83 模型。基于现场实测数据，Thornton 和 Guza[186] 建议采用一个加权的瑞利分布，其破碎波能耗散写为

$$D_{bTG} = -\frac{3\sqrt{\pi}}{16}\alpha\rho g \frac{H_{rms}^3}{h} M_{TG}\left[1 - \frac{1}{[1+(H_{rms}/(\gamma h)^2)]^{2.5}}\right]$$
$$M_{TG} = \left(\frac{H_{rms}}{\gamma h}\right)^2 \qquad (4.3.9)$$

在 TG83 模型中，破碎指标 γ 取为定值 0.42。

(3) B98 模型。B98、TG83 和 BJ78 模型的瑞利分布概率密度函数示意图如图 4.3.1 所示。Baldock 等[84] 基于水槽实验发现破波带内的波高符合全水深的瑞利分布，并通过在一个最小的破碎波高 H_{br} 处截断瑞利分布以确定波浪破碎的概率，据此推导出了新的波能耗散公式：

$$D_b = -\frac{1}{4} f\rho g H_{rms}^2 \left[1+\left(\frac{H_{br}}{H_{rms}}\right)^2\right]\exp\left[-\left(\frac{H_{br}}{H_{rms}}\right)^2\right] \qquad (4.3.10)$$

$$H_{br} = \gamma h \qquad (4.3.11)$$

Ruessink 等[187] (R03) 基于 B98 模型，使用模型反推法校核了破碎指标与局地水深的关系，发现破碎指标与局地水深正相关：

$$\gamma = 0.76kh + 0.29 \qquad (4.3.12)$$

最近，Zhang 等[177] 同样使用模型反推法发现，当入射波陡较小时，破碎指标与局地水深负相关，而当入射波陡较大时，破碎指标与局地水深正相关，并据此提出了综合考虑局地水深和入射波陡的破碎指标公式：

$$\gamma = (237 s_0^2 - 34.81 s_0 + 1.46)\exp[1.96\ln(38.64 s_0)kh] \qquad (4.3.13)$$

此外，在 B98 模型的基础上，Janssen 和 Battjes[188]（JB07），Alsina 和 Baldock[189] 还原了模型中的一个假定，修正了模型在浅水处可能会出现波高异常值的问题，两者波能耗散表达式一致，均为

$$D_b = -\frac{1}{4}\alpha_{JB}\rho g f \frac{H_{rms}^3}{h}[(R^3+1.5R)\exp(-R^2)+\frac{3}{4}\sqrt{\pi}(1-erf(R))]$$

$$R = \frac{H_{br}}{H_{rms}} \tag{4.3.14}$$

式中：erf 为高斯误差函数。

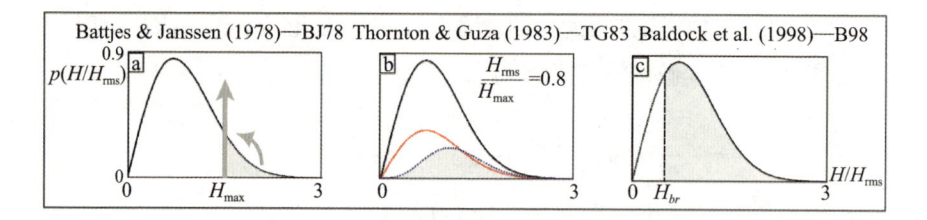

图 4.3.1 BJ78、TG83 和 B98 模型瑞利分布密度函数示意图[184]

需要注意的是，在最初始的 BJ78 模型中，频率 f 采用的是平均频率 f_{m01}，但是在此类模型的后续发展中均采用的是谱峰频率 f_p[190]，与前人的研究保持一致，本研究也采用 f_p。在本文中用来评估和比较的模型汇总在表 4.3.1 中。

表 4.3.1 波浪破碎模型汇总

模型	波能耗散公式	破碎波高公式	破碎指标
BJ78	式(4.3.2)	式(4.3.4)	0.80
BS85	式(4.3.2)	式(4.3.4)	式(4.3.5)
SA15	式(4.3.2)	式(4.3.4)	式(4.3.7)
LS17	式(4.3.2)	式(4.3.4)	式(4.3.8)
TG83	式(4.3.9)	式(4.3.11)	0.42
B98	式(4.3.10)	式(4.3.11)	式(4.3.6)
R03	式(4.3.10)	式(4.3.4)	式(4.3.12)
ZL21	式(4.3.10)	式(4.3.4)	式(4.3.13)
JB07	式(4.3.14)	式(4.3.11)	式(4.3.6)

为了定量衡量模型的计算精度，引入两个误差指标：均方根误差（RMSE）和均方根百分比误差（RMSPE）。RMSE 表征模型计算值与实测值的偏差，

量纲与实测值一致,但是受数据大小的影响,特别是对数据中的异常值较为敏感。RMSPE 是在 RMSE 的基础上无量纲化,以百分比的形式描述误差的大小,较为直观,并且不受数据本身大小的影响。图 4.3.2 和图 4.3.3 给出了各个模型计算值与实测数据的对比,以及各个模型针对剖面上所有波高测点的计算值与实测值的误差对比,图中红色虚线代表计算值与实测值相等的理想曲线。RMSE 取值在 0.006～0.013 m 之间,其中 SA15 和 LS17 的 RMSE 最小值均为 0.006 m,R03 的 RMSE 最大值为 0.013 m。RMSPE 取值在 9.43～15.85 之间,其中 LS17 的 RMSPE 最小值为 9.44,R03 的 RMSPE 最大值为 15.85。当波高较大时,除 SA15 外的其他模型都存在计算值偏小的问题。TG83 的计算值偏小,其 RMSE 和 RMSPE 分别为 0.011 m 和 14.00。LS17 和 SA15 中的数据点集中分布在红色虚线的两侧,没有出现部分数据点整体偏差的情况,表现出了较高的计算精度。采用 LS17 时计算精度总体提高了 0.49%～6.41%。

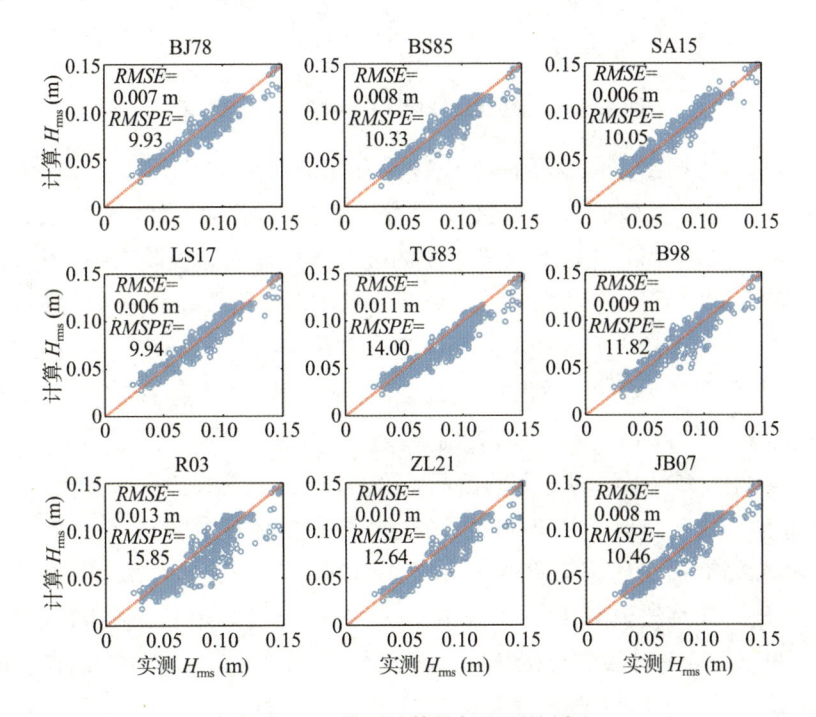

图 4.3.2　模型计算值与实测值对比

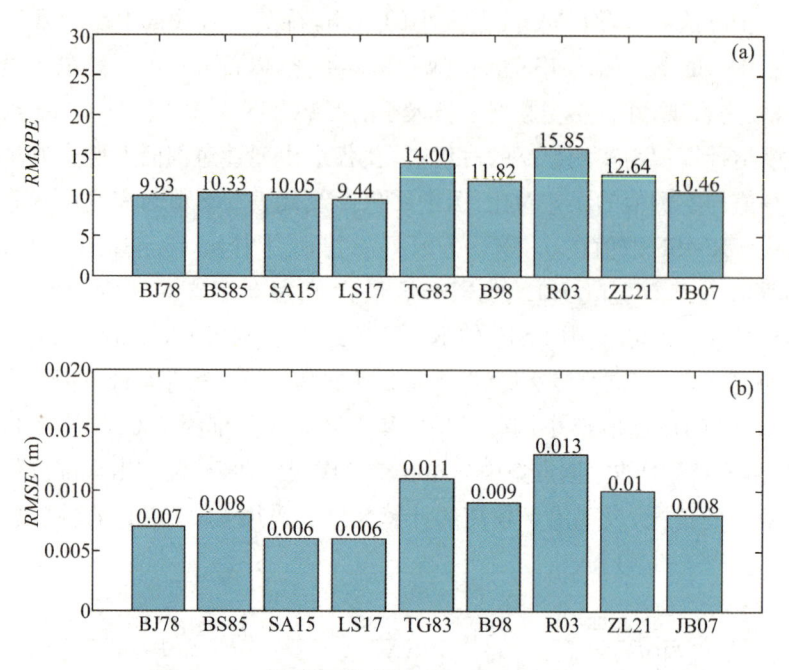

图 4.3.3　模型误差对比 (a) RMSPE; (b) RMSE

图 4.3.4 给出了风暴条件下反射型海滩剖面上组次 SRV_1 初始时刻的波高对比、模型破碎指标和波能耗散。将模型分为 3 组，图 4.3.4(a)、(d)、(g) 中采用 BS85 和 JB07，模型中的破碎指标与入射波陡有关；图 4.3.4(b)、(e)、(h) 中采用 R03 和 ZL21，模型中的破碎指标与水深有关；图 4.3.4(c)、(f)、(i) 中采用 SA15 和 LS17，模型中的破碎指标与坡度有关。反射型海滩剖面形态较为简单，波浪在到达人工沙坝之前就发生了破碎，3 组模型均成功地反演出了 $x=7.03$ m 处的破波点。BS85 和 JB07 的计算结果总体接近，均低估了人工沙坝上方的波高，无法反映出波浪在人工沙坝向海侧斜坡上剧烈的浅化过程。R03 和 ZL21 的差异主要体现在破碎指标上，ZL21 破碎指标的沿程变化更为平缓。在人工沙坝向海侧 $\gamma_{ZL} < \gamma_R$，导致 ZL21 在该区域的计算波能耗散略大于 R03；在人工沙坝向岸侧 $\gamma_{ZL} > \gamma_R$，导致 ZL21 在该区域的计算波能耗散略小于 R03。ZL21 和 R03 的波高计算结果类似，均低估了人工沙坝上方和人工沙坝向岸侧的波高。SA15 和 LS17 的破碎指标受地形的影响较大，在水深相对较大的区域，其值通常大于 1.2，由此限制了该区域的波能耗散计算值。随着水深进一步减小到 $x=7.03$ m 处的破波点时，破碎指标减小到 0.9。随着从天然缓坡地形到人工沙坝向

海侧陡坡地形的过渡，破碎指标随之增大，波浪破碎受到限制，因此 SA15 成功复演出了人工沙坝向海侧坡度上波高进一步增长的过程。SA15 和 LS17 的破碎指标均随坡度的增大而增大，对应的物理机制本质上是：随着坡度的增大，部分波浪的破碎形式从崩破波向卷破波转化，延缓了波浪破碎对水深减小的响应。关于陡坡能延缓较小水深下波浪破碎的能力，最早在 Baldock 等[84]的研究中有所报导，他们认为产生这一现象的原因在于陡坡上的波高更服从于全水深的瑞利分布而非 BJ78 模型中的截断瑞利分布，但没有考虑坡度对破碎指标的影响。

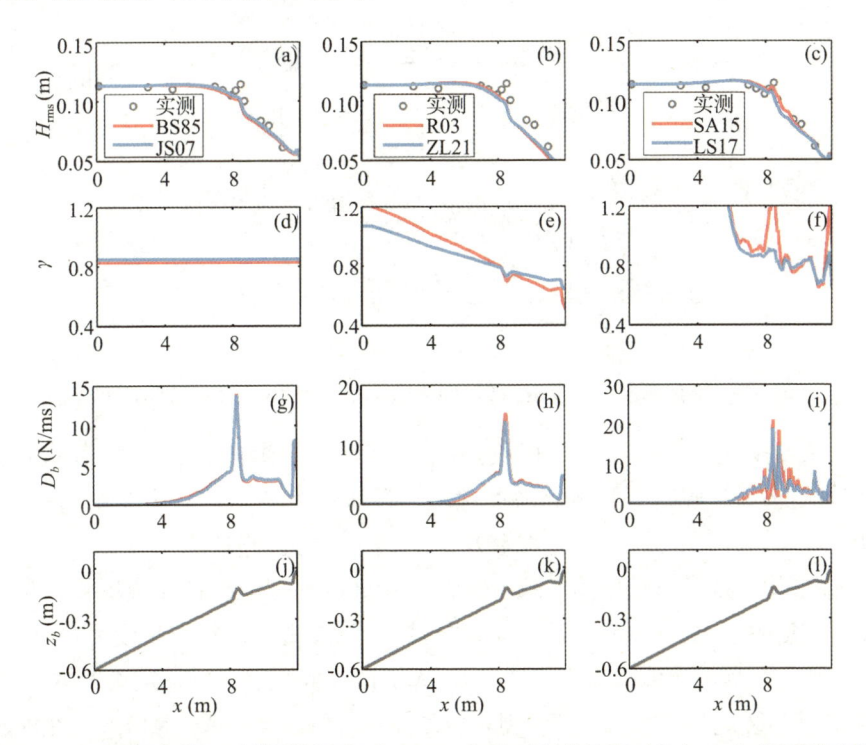

图 4.3.4　风暴条件下反射型剖面组次 SRV_1 初始时刻的波高对比（a～c）、模型破碎指标（d～f）、波能耗散（g～i）和地形（j～l）

图 4.3.5 给出了风暴条件下反射型海滩剖面上所有组次的模型计算精度对比。JB07、SA15 和 LS17 的计算精度较高，RMSPE 分别为 0.008 m、0.007 m 和 0.007 m，RMSE 分别为 8.02、8.17 和 8.45。TG83、R03 和 ZL21 都整体低估了波高，RMSPE 分别为 0.015 m、0.015 m 和 0.012 m，RMSE 分别为 16.79、16.54 和 12.75。总体而言，破碎指标与入射波陡有关的模型 BS85、B98 和 JB07 的整体计算精度要优于破碎指标与入射波陡有关的模型 R03 和

ZL21，这与上述的坡度影响破碎指标对水深的响应机制有关。

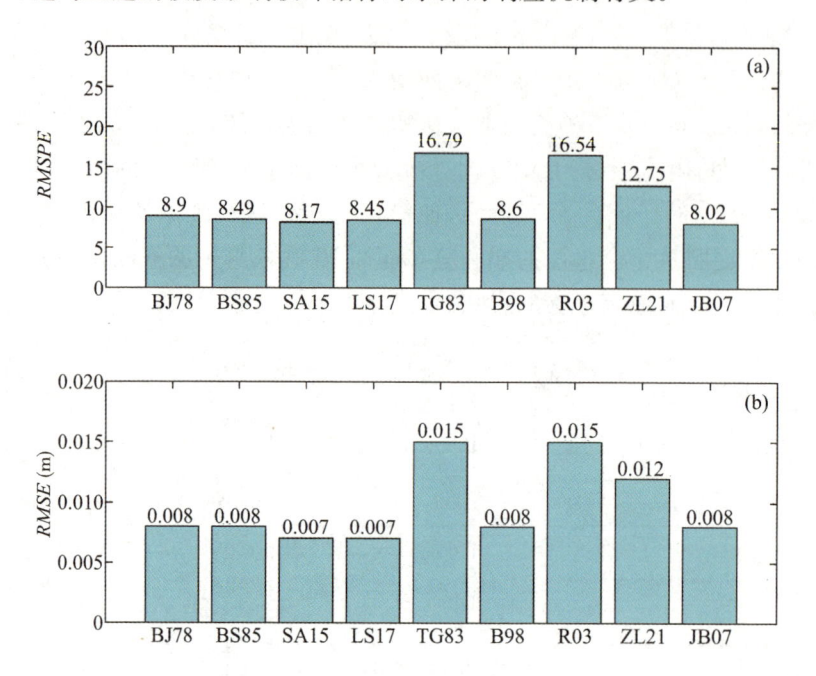

图 4.3.5　风暴条件下反射型剖面上模型误差对比 (a) RMSPE；(b) RMSE

图 4.3.6 给出了风暴条件下过渡型海滩剖面上组次 SI_1 初始时刻的波高对比、模型破碎指标和破碎波能耗散。过渡型海滩剖面较为复杂，在外沙坝上方 $x=5.95$ m 处、人工沙坝上方 $x=7.79$ m 处和内沙坝上方 $x=9.97$ m 处，波浪均出现了显著破碎，波浪在从 $x=0$ m 处向岸边传播时会历经多次破碎与恢复的过程。BS85 和 JB07 的波能耗散与波高的计算结果较为接近，均低估了外沙坝和内沙坝上方的波高，与人工沙坝坝顶处的波高吻合较好；R03 和 ZL21 低估了外沙坝、人工沙坝和内沙坝上方的波高；SA15 和 LS17 在外沙坝和人工沙坝上方的计算值与实测值吻合较好，在内沙坝上方，SA15 的计算值与实测值更吻合。图 4.3.6 给出了风暴条件下过渡型海滩剖面上所有组次的模型计算精度对比。ZL21 的计算精度最好，其 RMSPE 和 RMSE 分别为 8.99 和 0.007 m；LS17 的计算精度次之，其 RMSPE 和 RMSE 分别为 9.05 和 0.007 m。

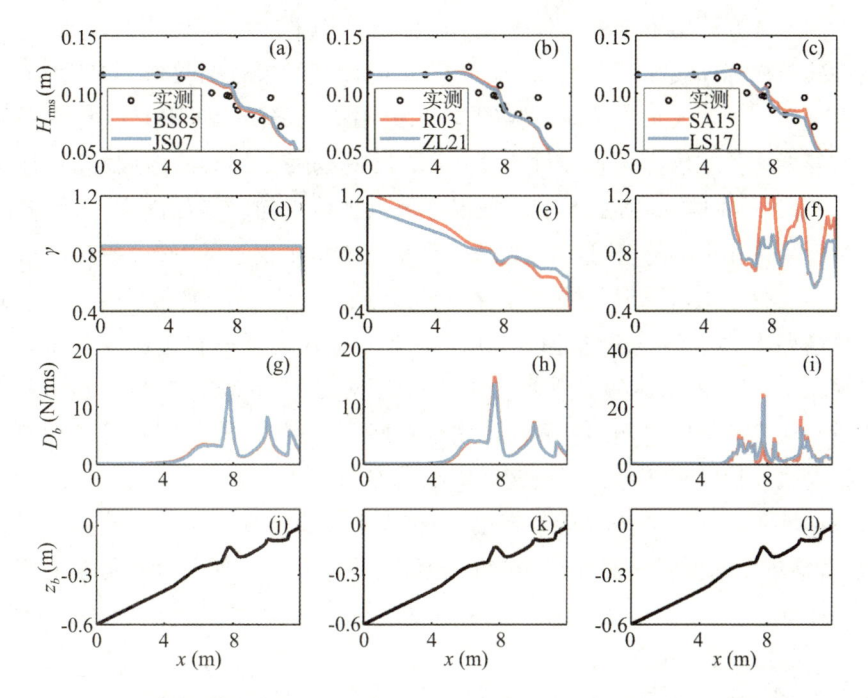

图 4.3.6 风暴条件下过渡型剖面组次 SI_1 初始时刻的波高对比（a～c）、模型破碎指标（d～f）、波能耗散（g～i）和地形（j～l）

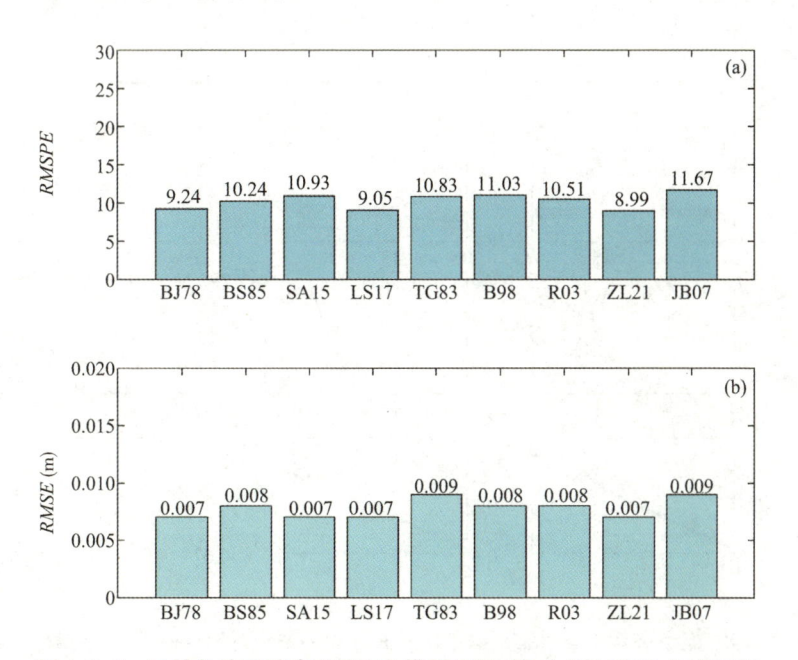

图 4.3.7 风暴条件下过渡型剖面上模型误差对比（a）RMSPE；（b）RMSE

图 4.3.8 给出了常浪条件下反射型海滩剖面上组次 MR_4 的波高对比、模型破碎指标和波能耗散。BS85 和 JB07 的计算结果较为接近，均低估了人工沙坝上方以及人工沙坝向岸侧的波高，原因在于 BS85 和 JB07 模型中采用的破碎指标公式仅与入射波陡有关，不能反映坡度变化对波浪破碎的影响。R03 和 ZL21 同样低估了人工沙坝上方及人工沙坝向岸侧的波高，两者的破碎指标呈现相反的趋势，这与 Zhang 等[177]在文章中揭示的"破碎指标与水深的关系受制于入射波浪条件"的规律相符。虽然在人工沙坝向岸侧，ZL21 的计算结果比 R03 略有改进，但是 ZL21 仍未考虑坡度陡变会延缓波浪破碎对水深减小的响应。SA15 成功模拟出了人工沙坝坝顶的波高，LS17 的计算结果则与人工沙坝向岸侧的实测波高吻合较好，这是由于 SA15 和 LS17 的破碎指标公式在校核时都考虑了坡度的影响。如图 4.3.8(f)所示，在人工沙坝向海侧区域时，γ_{SA} 值在 0.9 附近振荡，而在人工沙坝向海侧陡坡上，γ_{SA} 显著增大，延缓了因水深减小而导致的波浪破碎。γ_{LS} 在人工沙坝向海侧陡坡上的增幅小于 γ_{SA}，这是由于 Lin 和 Sheng[185]采用了双曲正切函数替换了 Salmon 等[184]采用的线性函数。

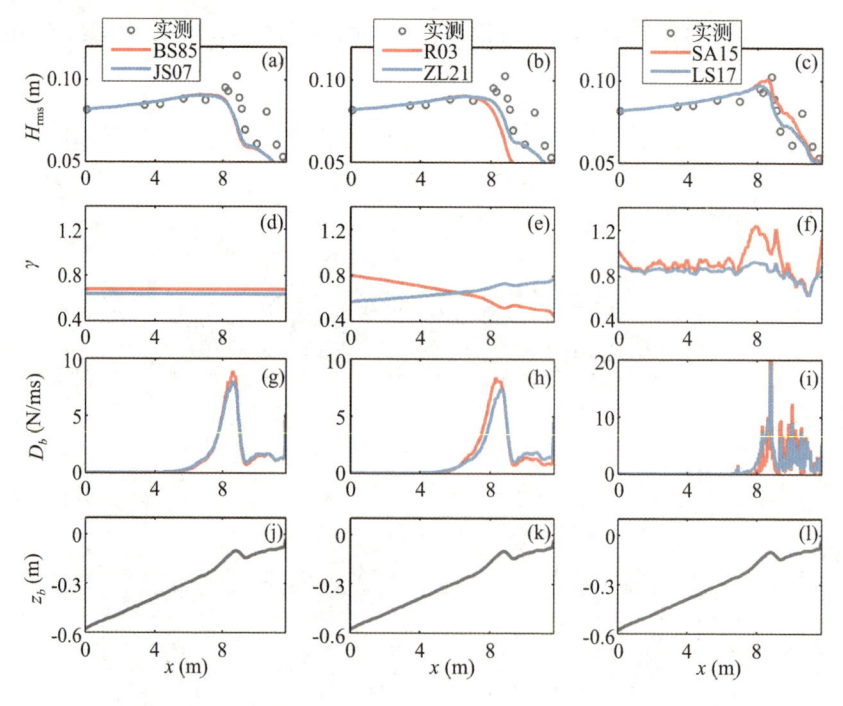

图 4.3.8 常浪条件下反射型剖面组次 MR_4 中的波高对比(a~c)、模型破碎指标(d~f)、波能耗散(g~i)和地形(j~l)

图 4.3.9 给出了常浪条件下反射型海滩剖面上所有组次的模型计算精度对比。LS17、SA15 和 BJ78 的计算精度相对较高,其 RMSPE 分别为 10.27、10.98 和 10.3,RMSE 均为 0.006 m。

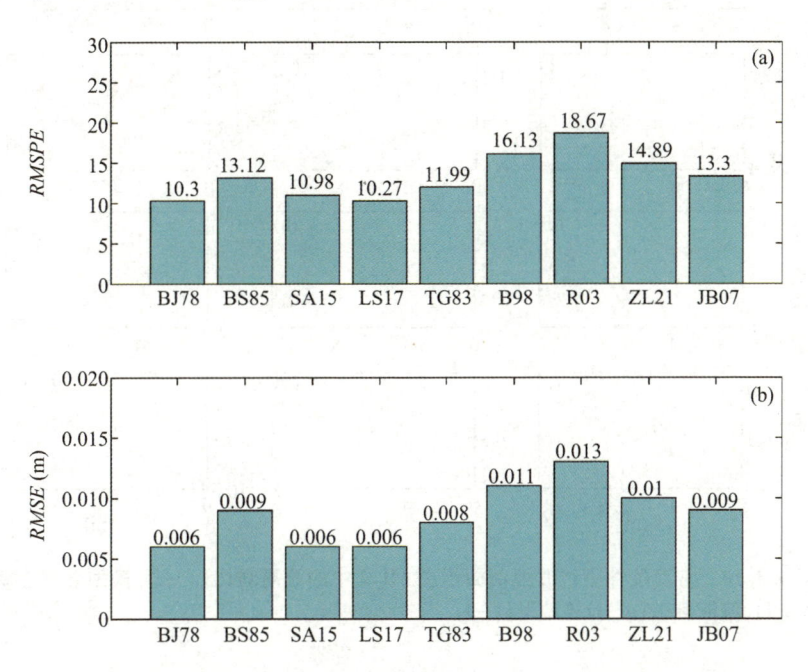

图 4.3.9 常浪条件下反射型剖面上模型误差对比(a)RMSPE;(b)RMSE

图 4.3.10 给出了常浪条件下过渡型海滩剖面上组次 MI_2 的波高对比、模型破碎指标和波能耗散。3 组模型均准确地模拟出了人工沙坝上方的波高变化,在人工沙坝上方波能耗散为 0,说明在这种条件下波浪在人工沙坝上方没有发生破碎。BS85 和 JB07 的计算结果一致,SA15 和 LS17 的计算结果也一致,区别在于前一组低估了内沙坝上方的波高。与 R03 相比,ZL21 改进了岸边波高的计算结果,成功描述了剖面上不饱和破波带特征,与 Zhang 等[177]的研究结果相同。图 4.3.11 给出了常浪条件下过渡型海滩剖面上所有组次的模型计算精度对比。各模型的计算精度较为接近,LS17、BS85、TG83 和 JB07 的计算精度较高,其 RMSPE 分别为 11.09、9.33、10.24 和 9.43,RMSE 均为 0.004 m。

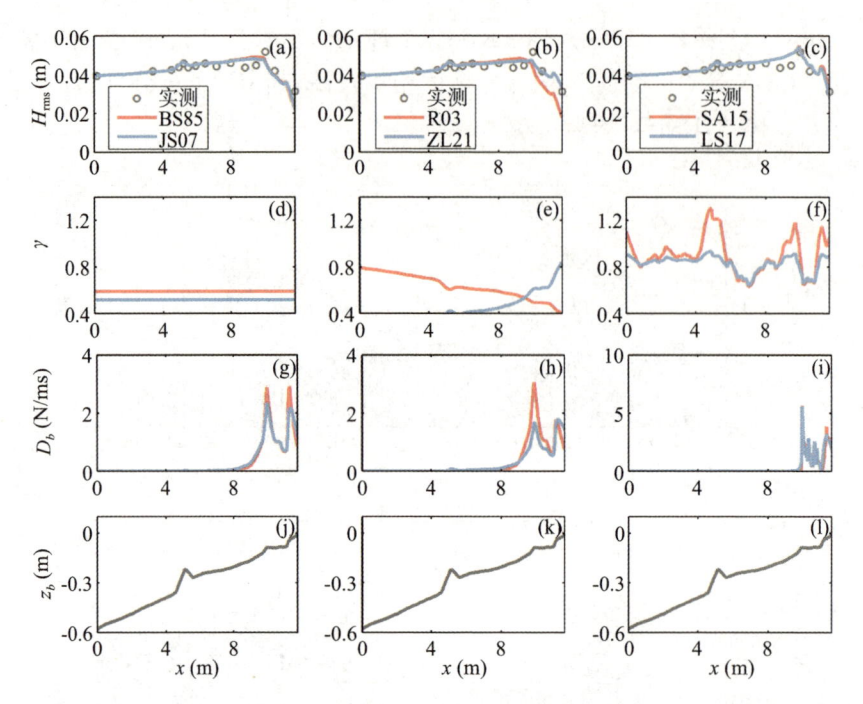

图 4.3.10　常浪条件下过渡型剖面组次 **MI_2** 中的波高对比(a～c)、模型破碎指标(d～f)、波能耗散(g～i)和地形(j～l)

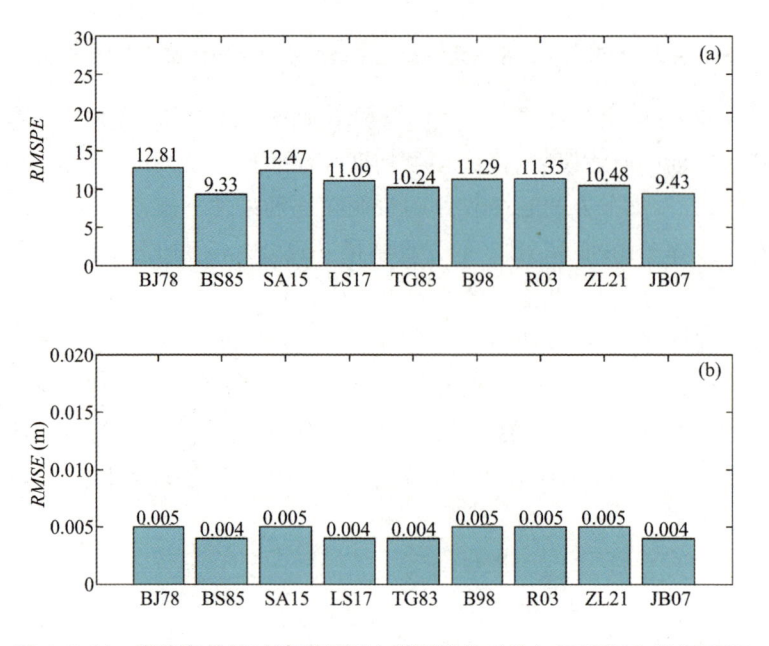

图 4.3.11　常浪条件下过渡型剖面上模型误差对比(a)RMSPE；(b)RMSE

以上模型误差为整个试验段剖面上所有波高测点的误差。根据上述研究发现,破碎指标中考虑坡度的模型如 LS17 在人工沙坝上方具有更好的模拟精度,可以更准确地模拟人工沙坝坝顶的最大波高。为了定量描述各个公式在人工沙坝上方的计算误差,以下的误差计算均只考虑人工沙坝上方的波高测点——人工沙坝坝顶的测点和前后各两个测点。图 4.3.12 给出了 LS17 模型均方根误差(RMSE)与人工沙坝向海侧坡度的关系。黑色实线为每个区间均方根误差的中间值及其对应的误差线,灰色实心点为单个误差值。随着人工沙坝向海侧坡度的增大,LS17 的误差较为稳定且有减小的趋势,说明 LS17 能较好地模拟坡度变陡时剖面上的波高分布,适用于人工沙坝陡坡上波高的模拟。

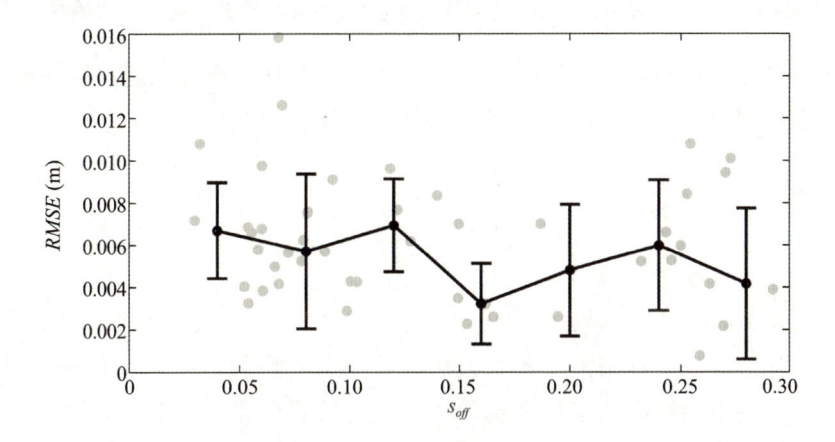

图 4.3.12 LS17 模型均方根误差(RMSE)与人工沙坝向海侧坡度的趋势关系

图 4.3.13 给出了 LS17、BS85、R03 和 JB07 与人工沙坝向海侧坡度的关系,这些模型的破碎指标公式考虑了坡度、水深以及深水波陡。图 4.3.13 仅给出了均方根误差的中间值而没有画出误差线。从图 4.3.13 中可以看出,当人工沙坝向海侧坡度大于 0.24 时,BS85、R03 和 JB07 的计算误差开始明显增大,LS17 的计算误差则开始减小;当人工沙坝向海侧坡度小于 0.24 时,LS17 与 BS85、JB07 的计算误差则较为接近。

4.3.2 波能耗散与沙坝、滩肩形态的对应关系

在风暴条件下,人工沙坝通过改变波能耗散在整个海滩剖面上的分布格局,进而影响海滩系统中各个地貌元素的动力条件和地貌响应规律。为了描述这种人工沙坝的遮蔽效应与海滩地貌元素之间的关联性,本节建立了表征

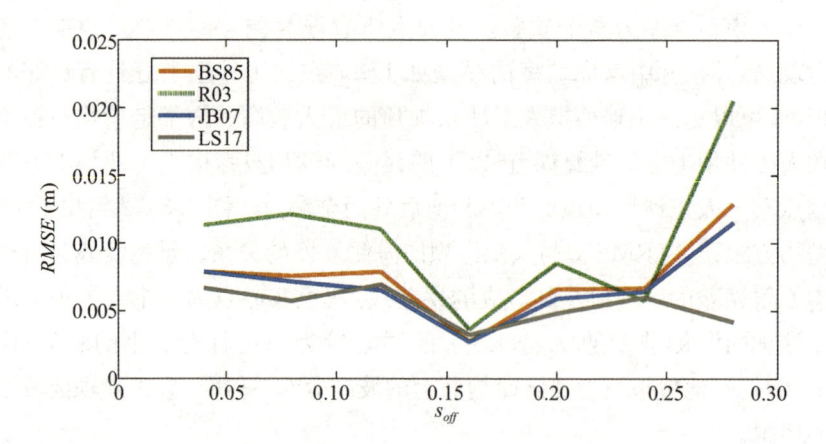

图 4.3.13　各模型均方根误差（RMSE）与人工沙坝向海侧坡度的趋势关系

人工沙坝遮蔽效应的经验参数与人工沙坝、滩肩几何形态之间的定量关系。

首先根据 van der Meer 等[191]的研究，水下构筑物的遮蔽效应可以通过式（4.3.15）定义的波浪透射系数给出：

$$K_H = \frac{H_t}{H_i} \quad (4.3.15)$$

式中：K_H为波浪透射系数；H_t代表水下构筑物向岸侧波高；H_i代表水下构筑物向海侧波高。风暴条件下各个组次的波浪透射系数可以通过分别铺设在人工沙坝两侧的波高仪实测数据给出。值得注意的是，在实验过程中，人工沙坝两侧坡脚的位置通过目视确定。基于上一节中的波能耗散模型评估，也可以采用人工沙坝上方波能耗散的积分与入射波能流的比值来描述人工沙坝的遮蔽效应，其定义为

$$K_B = \frac{\int_{x_i}^{x_t} D_b \mathrm{d}x}{F_{w0}} \quad (4.3.16)$$

式中：K_B代表人工沙坝上方的波能耗散率；D_b为破碎波能耗散，采用 LS17 模型计算给出；F_{w0}为入射波能流；x_i和x_t分别代表人工沙坝的向海侧坡脚和向岸侧坡脚。由于本研究中的地形会在波浪作用下发生变化，人工沙坝与天然地形之间的过渡会变得平滑和难以辨认。人工沙坝上方的泥沙在向离岸方向上扩散，使得人工沙坝的跨度增加，这种跨度的增加则会必然导致人工沙坝上方波能耗散积分的增大，造成对式（4.3.16）的高估。因此，本研究近似

地认为，人工沙坝在演变的过程中在向离岸方向上的跨度变化是可以忽略不计的，跨度始终为一定值 x_{sp0}。由此可得，$x_i = x_c - 0.5x_{sp0}$ 和 $x_t = x_c + 0.5x_{sp0}$，x_c 为人工沙坝坝顶的位置。该方法与 Zhang 等[192]提出的水下建筑物坡脚的确定方法相似，他们提出等效的水下建筑物从坡脚到建筑物上方波能耗散最大值的距离为一倍的波长。然而在本研究中，人工沙坝的跨度大多小于一倍波长，因此 Zhang 等提出的方法不能完全适用于本研究。

如图 4.3.14(a)和(b)所示，K_H 与第三章中提出的考虑人工沙坝形态的无量纲参数（ζ_A）和滩肩无量纲形态参数（ψ）之间没有明显的规律。如图 4.3.14(c)所示，K_B 随着 ζ_A 的增大而增大，这与"由向海侧坡度较陡和坝顶水深较小的人工沙坝引起的波能耗散较大"的结论一致，这一规律可以采用幂函数拟合，R^2 为 0.57。如图 4.3.14(d)所示，K_B 随（ψ）的增大而增大，印证了当人工沙坝消浪能力较强时，滩肩收到的侵蚀较小，这一关系同样可以采用幂函数拟合，R^2 为 0.55。这两个关系从波能的角度解释了第三章中阐述的人工沙坝与滩肩的地貌形态耦合关系。

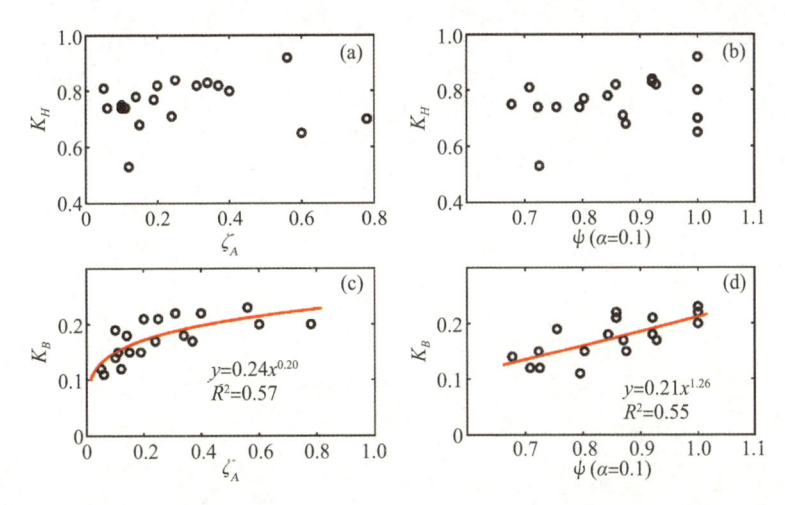

图 4.3.14 透射系数和地貌单元几何形态关系(a)和(b)；波能耗散率和地貌单元几何形态关系(c)和(d)

4.4 本章小结

本章基于波浪实测数据，分析了人工沙坝上方的波能谱、波高和非线性参数的变化规律，主要结论如下：

波浪经过人工沙坝时,主要能量损耗出现在谱峰频率。人工沙坝上方的波浪具有强非线性特征,非线性参数的量值在该区域达到极大。

发现波浪速度不对称性和加速度不对称性与厄塞尔数和人工沙坝坡度存在复合关系,并建立了人工沙坝上方波浪非线性参数的计算公式,与两个前人经验公式相比,速度不对称性和加速度不对称性的计算精度分别提高了6%~47%和22%~35%。基于小波变化的双谱分析法,探讨了由人工沙坝引起的水深突变与地形陡变对三波相互作用的影响机制。

评估了9个波浪破碎能量耗散的参数化模型在人工沙坝上方的适用性,破碎指标考虑坡度的模型LS17在人工沙坝向海侧坡度增大时,模型误差逐渐减小。特别是当人工沙坝向海侧坡度大于0.24时,LS17模型的计算误差随坡度的增大而减小,BS85、R03和JB07模型的计算误差则随之明显增大。这说明了当波浪从缓坡向陡坡上传播时,模型需要考虑坡度的影响。从波能耗散的角度解释了人工沙坝形态与滩肩风暴响应之间的关系。

第五章
人工沙坝演变过程中的输沙机制模拟分析

人工沙坝地貌形态演变是非线性波浪与底部离岸流不平衡输沙的结果。以往的研究认为,常浪条件下海滩剖面上以向岸输沙为主,这些结论大多来自天然海滩剖面上的观测或水槽物理模型实验。在实际研究中,对输沙率的测量难度较大。近年来,观测仪器的革新为破波带内水沙运动的精细观测带来了可能,例如多频声学浊度流速仪(ACVP)、声学多普勒流速仪(ADV)、横向抽吸系统(TSS)和基于导电性的浊度测量仪(CCM+)。尽管如此,对近底泥沙和流场、高分辨率的破波带内含沙浓度和流速的测量依旧是难题。人工沙坝区域动力特征与地貌环境较为复杂,例如人工沙坝上方的波浪具有强非线性的特征、人工沙坝本身作为一种地形扰动会对底部离岸流产生阻碍。因此,人工沙坝附近的泥沙运动规律较为复杂,并且随着人工沙坝地貌形态的演变产生不同的时空分布格局。本章将采用实验数据对海滩剖面演变数学模型进行验证,模拟分析人工沙坝演变过程中波流互制输沙率的时空变化特性及主导输沙机制,探讨"增长型"和"衰减型"两种不同喂养模式背后的水沙运动特性。

5.1 海滩剖面演变数学模型 CROSPE

基于物理过程的海滩剖面演变数学模型 CROSPE(CROss-shore Sediment transport and Profile Evolution model)最早由 Zheng 等[66]开发。该模

型包含4个模块:(1)波浪与水滚模块:采用波能守恒方程模拟波浪浅化、破碎和再恢复等传播变形过程;(2)波生流模块:采用质量守恒方程和Boussinesq假定模拟底部离岸流的流速及其垂向分布;(3)泥沙运动模块:采用对流扩散方程模拟含沙量的时空分布,基于希尔兹参数计算推移质输沙率。(4)地形剖面演变模块:根据输沙率沿程梯度,采用Euler-WENO格式计算床面高程变化。该模型已被成功用于波浪作用下沙坝的向离岸迁移过程模拟和平衡沙坝剖面模拟[53],以及常浪作用下人工沙坝向岸迁移和平衡剖面的模拟[99]。下文中给出了模型的详细架构与控制方程。

5.1.1 波浪与水滚模块

波浪参数的模拟在波周期平均的时间尺度内开展,采用波能守恒方程和水滚能量守恒方程模拟波浪浅化、破碎和再恢复等传播变形过程,以及破波水滚的成长与耗散过程[193]:

$$\frac{\partial(E_w c_g)}{\partial x} = -D_b - D_f \tag{5.1.1}$$

$$\frac{\partial(2E_r c_p)}{\partial x} = D_b - D_r \tag{5.1.2}$$

$$D_r = \frac{2gE_r \sin\beta}{c_p} \tag{5.1.3}$$

式中:E_w为波能密度;E_r为水滚能量密度;c_g为波群速度;c_p为波浪相速度;x代表网格横坐标,向岸为正;D_b和D_f分别代表由波浪破碎和底摩阻引起的能量耗散;D_r为水滚能量耗散;g为重力加速度;β为水滚坡度。尽管在第四章中发现,采用LS17可以提高模型在人工沙坝上方波高的精度,但是JB07模型在模拟整个剖面时也有较好的精度,特别体现在风暴条件下反射型剖面以及常浪条件下的过渡型剖面的波高模拟。因此,在CROSPE模型中仍采用JB07模型计算破碎波能耗散D_b。

波浪增减水($\bar{\eta}$)通过求解水深积分、周期平均的动量方程得到:

$$\frac{\partial S_{xx}}{\partial x} + \frac{\partial(2E_r)}{\partial x} + \rho g(h+\bar{\eta})\frac{\partial \bar{\eta}}{\partial x} = 0 \tag{5.1.4}$$

式中:S_{xx}代表水体辐射应力;ρ为水体密度;h为静水深。

5.1.2 波生流模块

水流速度通过求解波流动量方程[66,89]得到:

$$\frac{\partial u}{\partial t_i} = \frac{\partial u_\infty}{\partial t_i} + \frac{\partial}{\partial z}\left[(v_t + v)\frac{\partial u}{\partial z}\right] - \frac{1}{\rho}\frac{\partial \overline{p}}{\partial x} - \frac{1}{\rho}\frac{\partial \overline{\tau_{bls}}}{\partial z} \quad (5.1.5)$$

式中:t_i 是一个波周期内的时间;u 是在固定高程 z 处相位解析的瞬时流速;v_t 和 v 分别代表水体的紊动涡黏系数和动力黏度系数;$\overline{p}$ 代表时均压强;$\overline{\tau_{bls}}$ 是由底部边界层时均余流引起的附加平均剪切应力;u_∞ 是近底波浪水质点瞬时流速;式中上划线代表周期平均。右边式中第一项代表由波致振荡流速引起的压强梯度,右边第三项和第四项分别代表由底部离岸流和底部边界层引起的时均压强梯度和时均剪切应力梯度。

为了提高计算效率、减少模型计算时间,底波浪水质点瞬时流速通常采用参数化的方法计算,即采用当地时均水动力参数对 u_∞ 重塑。Isobe 和 Horikawa[194]建立了考虑当地坡度的经验参数化模型;Elfrink 等[61]采用波高、波周期、水深、坡度等常用物理量建立了 u_∞ 参数化模型,可同时考虑波浪速度不对称和加速度不对称产生的影响;Abreu 等[58]提出了一种简便的计算方法,仅考虑 4 个输入参数;在 Elfrink 等[61]的基础上,Ruessink 等[64]对其中的波浪非线性参数项做了进一步的参数化研究;Rocha 等[63]在 Ruessink 等[64]的基础上,考虑了入射波谱宽的影响。Ruessink 等[64]提出的参数化公式在最近的数学模型中得到了广泛的应用[71,87],因此在本研究中也采用此方法。

紊动涡黏系数采用一个随时间变化的经验公式:

$$v_t = f_v H_{rms}\left(\frac{D_r}{\rho}\right)^{\frac{1}{3}} \frac{z}{h_t} \frac{\overline{|u_*^3|} + |u_*^3|}{\overline{|u_*^3|}} \quad (5.1.6)$$

$$u_* = \cos\varphi u_\infty + \sin\varphi \frac{1}{\omega}\frac{du_\infty}{dt} \quad (5.1.7)$$

式中:f_v 是紊动系数;H_{rms} 是均方根波高;h_t 代表波谷面高程;u_* 是有效流速,用于控制一个波周期内的涡黏系数的变化;φ 代表相位变化角;ω 是角频率。

由底部边界层余流引起的时均剪切应力梯度可以表示为[195]

$$-\frac{1}{\rho}\frac{\partial \overline{\tau_{bls}}}{\partial z} = \begin{cases} \dfrac{D_f}{\rho c_p \delta} & (z \leqslant \delta) \\ 0 & (z > \delta) \end{cases} \quad (5.1.8)$$

式中：δ 代表边界层厚度。δ 和 D_f 都采用 Renier 等[195]提出的方法计算。

式(5.1.5)中的时均压强梯度($-\rho\partial\overline{p}/\partial x$)采用数值迭代法计算，使时均质量流满足周期平均、水深积分的质量守恒方程。

$$\frac{1}{T}\int_0^T\int_0^{h_t} u\,dz\,dt + Q_w + Q_r = 0 \tag{5.1.9}$$

$$Q_w = \frac{1}{12}\frac{g}{c_p}H_{rms}^2 \tag{5.1.10}$$

$$Q_r = \frac{2}{\rho}\frac{E_r}{c_p} \tag{5.1.11}$$

式中：T 是波周期；Q_w 和 Q_r 分别代表由波浪和水滚引起的质量净输移。为了求解方程(5.1.5)，将模型上边界取在波谷面、下边界取在理论床面位置，具体的边界条件设置为

$$\begin{aligned} u &= 0 \quad \left(z = z_0 = \frac{k_s}{30}\right) \\ \tau &= \frac{D_r}{c_p} \quad (z = h_t) \end{aligned} \tag{5.1.12}$$

式中：τ 代表波谷面时均剪切应力；k_s 为床面粗糙高度，取值为 $2.5\,d_{50}$；z_0 代表理论床面位置。

5.1.3 泥沙运动模块

周期平均的净输沙率可以表示为

$$\overline{q_t} = \overline{q_b} + \overline{q_s} \tag{5.1.13}$$

式中：q_t、q_b 和 q_s 分别代表瞬时全沙输沙率、推移质输沙率和悬移质输沙率；上划线代表周期平均。瞬时推移质输沙率采用 Meyer-Peter-Mueller 型推移质输沙率公式[196]计算，将推移质输沙率表示为希尔兹数的函数：

$$q_b = 11\beta_s\frac{\theta}{|\theta|}(|\theta|-\theta_\sigma)^{1.65}\sqrt{(s-1)gd_{50}^3} \tag{5.1.14}$$

$$\theta = \frac{\tau_b}{\rho(s-1)gd_{50}} \tag{5.1.15}$$

式中：τ_b 是瞬时床面剪切应力；s 是泥沙密度与水体密度的比值，取值为 2.65；d_{50} 表示泥沙的中值粒径；θ 是希尔兹参数；θ_σ 是考虑坡度影响的临界希尔兹

数;β_s是坡度修正系数,体现了阻止泥沙上坡和促进泥沙下坡的物理效应。θ_{cr}和β_s的具体计算方法可参考 Zheng 等[196]论文。

可用于计算推移质输沙率的公式多种多样,本书采用了 Meyer-Peter-Mueller 型推移质输沙率公式。尽管一些学者认为 Bagnold[197]提出的能量模型从物理意义上更适合于强非线性波浪和强流条件下近岸区域的计算[198,199],不过 Meyer-Peter-Mueller 型公式的计算更为简单,并被广泛应用于最先进的海滩剖面演变模型,比如 Delft3D[100]、Xbeach[200]和 COAWST[201]。目前,Meyer-Peter-Mueller 型推移质输沙率计算公式已被证实可以适用于非稳定流条件下、破波带及冲泻区内输沙率的计算[202-206]。考虑到近底泥沙运动的复杂性,特别是当床面剪切应力较大时会出现层移质[207,208],因此在这种动力条件下没有统一的计算公式。虽然有学者在最近的一些研究中提出了形式更为复杂、更具有物理意义的推移质输沙率计算公式[209-211],但目前还没有被应用到海滩剖面演变模型框架中。

瞬时悬移质输沙率通过将瞬时泥沙浓度与流速积分得到:

$$q_s = \int_{z_a}^{h_t} uc\, \mathrm{d}z \tag{5.1.16}$$

式中:c 是悬沙浓度;z_a 是近底含沙量参考点高度,取为 $2d_{50}$。

悬沙浓度的时空差异通过求解对流扩散方程得到:

$$\frac{\partial c}{\partial t_i} = \omega_s \frac{\partial c}{\partial z} + \frac{\partial}{\partial z}\left(\varepsilon_s \frac{\partial c}{\partial z}\right) \tag{5.1.17}$$

式中:ω_s 表示泥沙沉降速度;ε_s 代表泥沙扩散系数。

泥沙沉降速度采用 van Rijn[212]提出的公式计算,并考虑 Richardson 和 Zaki[213]提出的阻碍沉降效应:

$$\omega_s = \omega_{s0}\left(1 - \frac{c}{0.6}\right)^5 \tag{5.1.18}$$

式中:ω_{s0} 是清水中的泥沙沉降速度。

扩散系数与紊动涡黏系数有关,并考虑了紊动阻碍效应[212]:

$$\varepsilon_s = \frac{\overline{\nu_t}}{\sigma_p}\left[1 + \left(\frac{c}{0.6}\right)^{0.8} - 2\left(\frac{c}{0.6}\right)^{0.4}\right] \tag{5.1.19}$$

式中:σ_p 代表普朗特数/施密特数,工程中一般取值为1。

求解对流扩散方程需要用到2个边界条件:在上边界悬沙浓度为0;在下

边界的近底含沙量参考点高度处采用 Zysermam 和 Fredsøe[214]提出的含沙量参考浓度。

本模型不能解析冲泻区的物理过程与动力条件,因此在模型中破波带的向岸侧边界设置波浪下冲点 x_d,在波浪爬高的最高点设置波浪上爬点 x_u。在波浪下冲点与上爬点之间,采用经验插值函数求解这一区间的输沙率[215]。

$$\overline{q_t}(x) = \overline{q_t}(x_d)\left[1 - \frac{(x-x_d)}{(x_u-x_d)}\right]^5 \quad x_d < x < x_u \quad (5.1.20)$$

式(5.1.20)体现了波浪下冲点的输沙率逐渐向上爬点趋向于 0 的过程。根据 Ruessink 等[70]的研究,波浪下冲点取值在无量纲波周期 $T_p\sqrt{g/h}$ 第一次超过 40 的地方;波浪上爬点根据 Stockdon 等[216]提出的波高爬高公式计算。

5.1.4 地形剖面演变模块

海床高程的变化与输沙率的横向梯度有关,表示为

$$\frac{\partial z_b}{\partial t} = -\frac{1}{1-p_v}\frac{\partial \overline{q_t}}{\partial x} \quad (5.1.21)$$

式中:z_b 表示海床高程;p_v 表示泥沙孔隙率。为了避免岸边的过度冲刷,采用 Roelvink 和 Costas[217]提出的输沙率校正办法,对波浪下冲点和上爬点之间的输沙率进行经验校正,校正函数与 Roelvink 和 Costas[217],Rafati 等[218]开展的研究中的一致。

模型中需要调试的参数包括:水滚坡度 β、紊动系数 f_v,以及相位变化角 φ。在水平方向上设置步长为 0.05 m 的均匀网格,从 $x=0 \text{ m}$ 处开始向岸计算;在垂向上共设置 100 个网格且网格的尺寸从床面向波谷面呈指数增加。

5.2 人工沙坝海岸上输沙率时空变化特性

5.2.1 常浪条件下人工沙坝输沙规律

5.2.1.1 模型校核

图 5.2.1 给出了常浪条件下反射型海滩剖面上组次 MR_2 的波高、输沙率梯度和地形变化实测值和模型计算值的对比,模型参数的选取如表 5.2.1 所示。在图 5.2.1(a)中,实测波高与模拟波高吻合较好。图 5.2.1(b)给出了

实测和计算输沙率梯度(dq/dx)的对比,dq/dx>0 代表地形剖面侵蚀,反之则反。模型较好地复演出了 $x=8\sim9$ m 处的地形侵蚀、$x=9\sim9.5$ m 处的地形淤积,以及对应人工沙坝向岸迁移造成的初始位置侵蚀与向岸侧的淤积。实测地形与计算地形的对比如图 5.2.1(c)所示,模型较好地复演了人工沙坝向岸迁移的趋势和人工沙坝的坝顶位置。

表 5.2.1 常浪条件下模型参数选取

算例	海滩剖面类型	β	f_v	φ (°)
MR_2	反射型	0.07	0.015	30
MI_1	过渡型	0.02	0.02	30

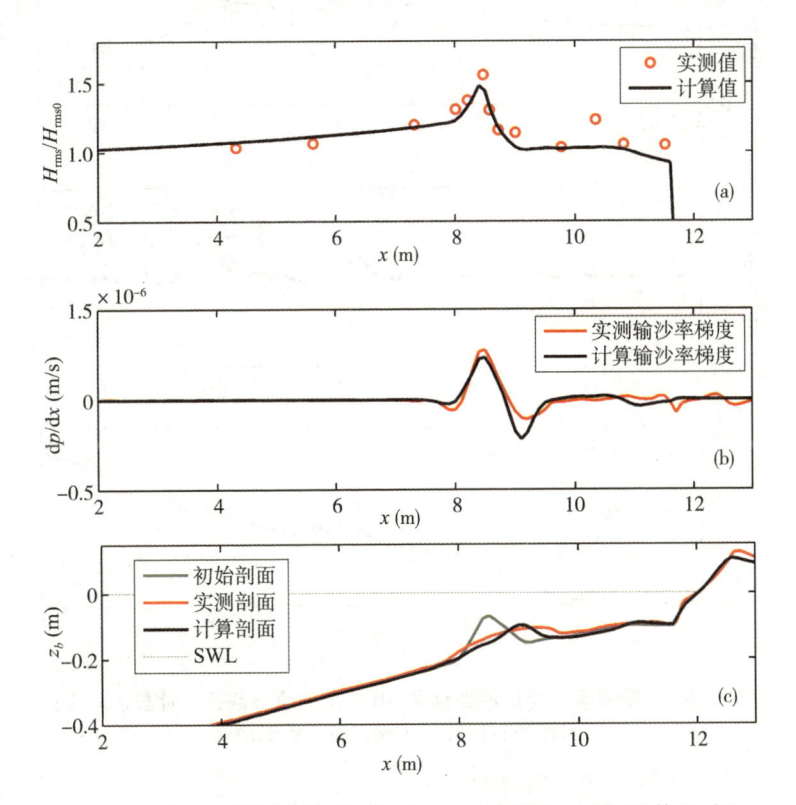

图 5.2.1 常浪条件下反射型剖面 MR_2 上实测值与模型计算值对比:
(a)波高;(b)输沙率梯度;(c)地形演变

常浪条件下过渡型海滩剖面上模型参数的选取如表 5.2.1 所示。如图 5.2.2 所示,模型输沙率梯度的计算值与实测值在人工沙坝区域吻合较好,然而在岸边的区域模型的计算值与实测值偏差较大。这是由于在 CROSPE 模型中不能考虑冲泻区过程和漫滩过程，从而造成了冲泻区泥沙在岸线前堆积。模型计算地形与实测地形的吻合程度与输沙率梯度相似，在人工沙坝区域两者吻合得较好。在滩肩区域，计算地形的泥沙在岸线前堆积，而在实测地形中该部分泥沙被携带至岸线以上，形成新的滩肩。这是因由模型在岸边计算的破碎波能耗散引起的输沙率极值点（$x=11.1$ m）和实际滩肩顶处输沙率最大值（$x=12.6$ m）的空间差异造成的[219]，根本原因还是在于模型无法描述冲泻区内实际的泥沙运动过程。

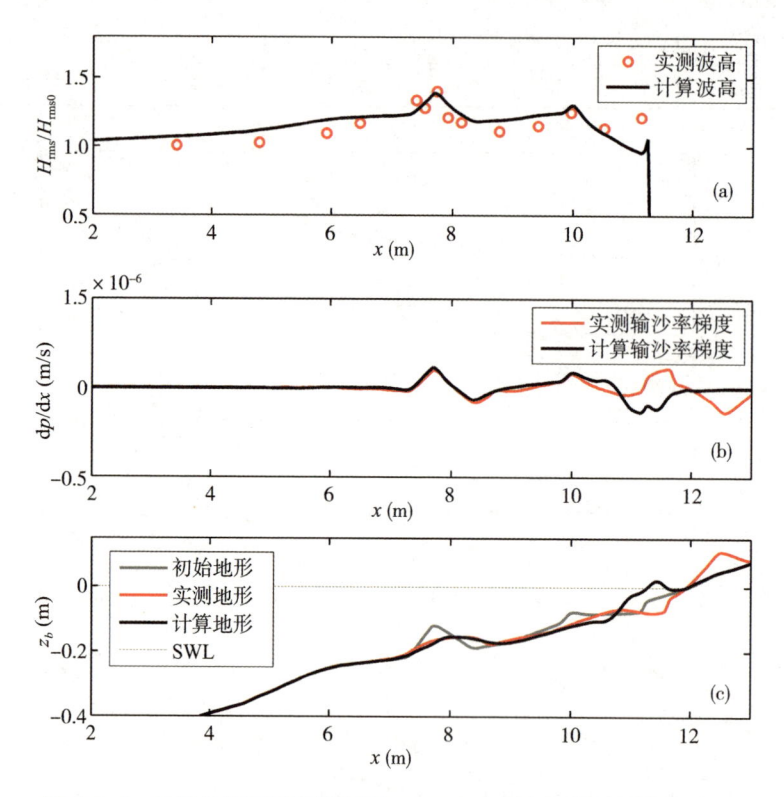

图 5.2.2　常浪条件下过渡型剖面 MI_1 上实测值与模型计算值对比：
(a)波高；(b)输沙率梯度；(c)地形演变

5.2.1.2　输沙率时空分布规律

基于数学模型，图 5.2.3 分别给出了反射型（MR_2）和过渡型（MI_1）海滩剖面形态时空变化。人工沙坝坝顶的位置如图 5.2.3 中虚线所示。在反射型海滩剖面上，人工沙坝向岸迁移，沙坝坝顶位置从初始时刻的 $x=8.5$ m 向岸迁移至实验最终时刻的 $x=9.1$ m。在过渡型海滩剖面上，人工沙坝向岸迁移的幅度较小，在 535 min 内仅向岸迁移了 0.4 m。

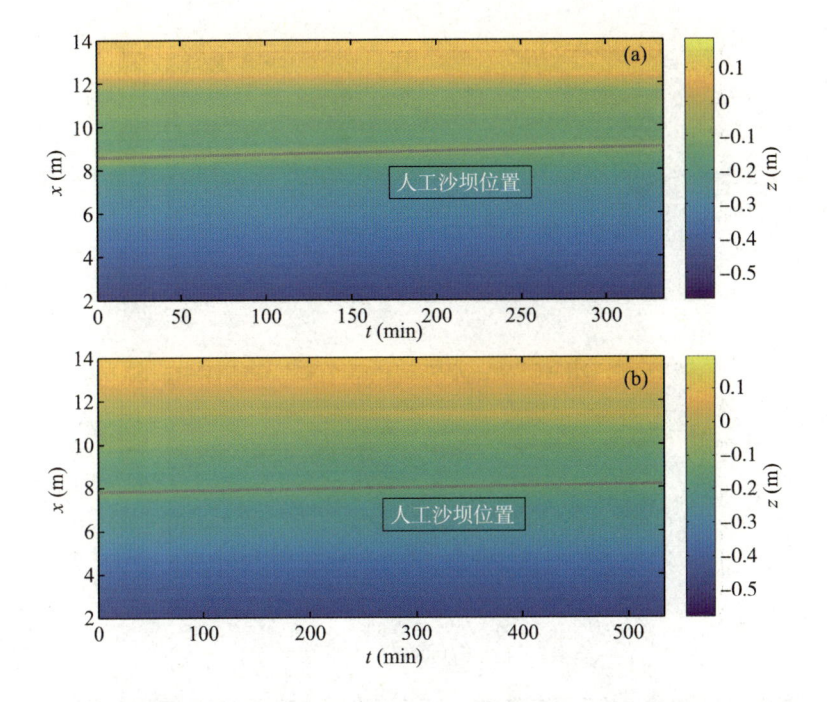

图 5.2.3　海滩剖面形态时空变化：(a)反射型剖面 MR_2；(b)过渡型剖面 MI_1

海滩剖面演变是泥沙运动的结果，图 5.2.4 给出了沿水深积分的时均输沙率时空变化分布。在反射型海滩剖面上，输沙率为正值意味着剖面上以向岸输沙为主导。输沙率的最大值出现在人工沙坝上方，并随着人工沙坝的向岸迁移而减小，说明人工沙坝在向岸迁移的过程中逐渐趋于平衡。在过渡型海滩剖面上，最大输沙率出现在岸线前方，随着时间的推移逐渐减小。与反射型海滩剖面相比，过渡型海滩剖面上人工沙坝上方的输沙率量值较小，这是由于上方坝顶水深较大，水动力作用较弱，这与在前面章节中探讨的人工沙坝遮蔽效应与人工沙坝坝顶水深的关系相符。

将水深积分的时均输沙率分解为推移质输沙率和悬移质输沙率，进一步分析常浪条件下人工沙坝向岸迁移的主导输沙形式。如图 5.2.5 所示，在反射型海滩剖面上，推移质输沙占据主导地位，其量值远大于悬移质输沙，这与常浪条件下天然海滩剖面是以向岸推移质输沙为主导的结论一致[66]。在人工沙坝上方，推移质输沙向岸，在人工沙坝向海侧陡坡上，推移质输沙离岸，这是由于在数学模型的推移质输沙率公式中引入了代表重力效应的经验系数。在人工沙坝和岸线之间的区域，仍是以向岸的推移质输沙为主导，然而在量值上小于人工沙坝上方的输沙率。

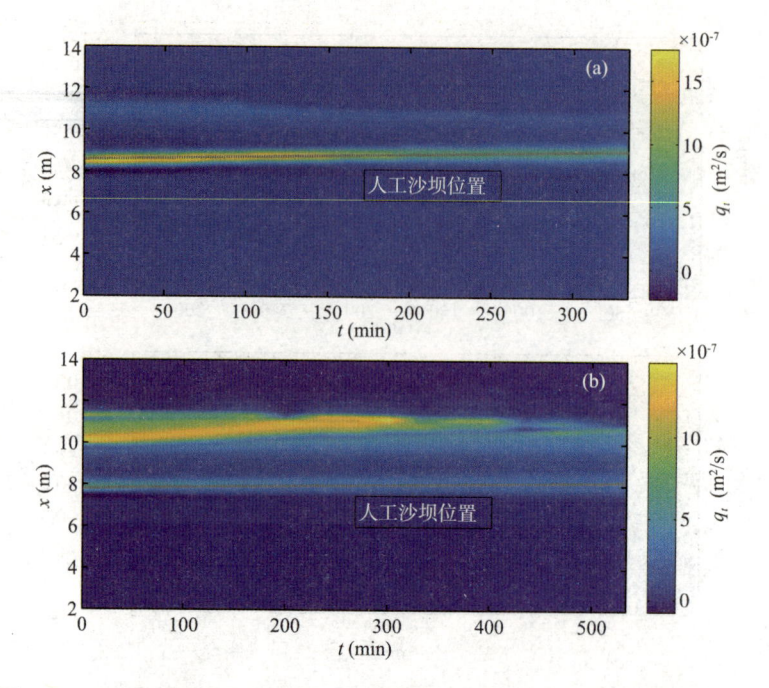

图 5.2.4　时均输沙率时空变化：(a)反射型剖面 MR_2；(b)过渡型剖面 MI_1

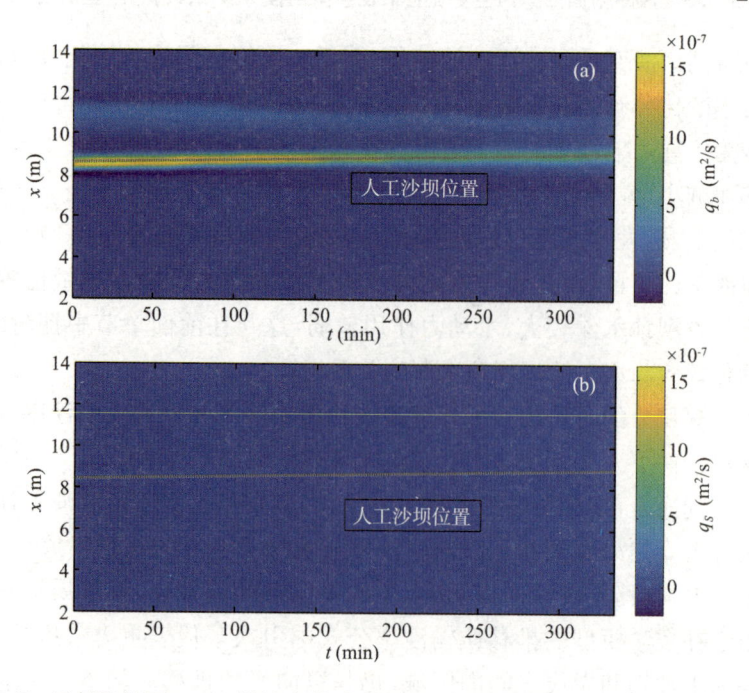

图 5.2.5　反射型剖面 MR_2 输沙率的时空变化：(a)推移质输沙率；(b)悬移质输沙率

如图 5.2.6 所示，过渡型剖面 MI_1 上以推移质输沙为主，推移质输沙方向以向岸为主，输沙率的最大值出现在岸边。随着人工沙坝的向岸迁移，推移质输沙率逐渐减小。在岸边随着滩肩的形成，滩肩前缘陡坎处出现离岸输沙。与推移质输沙率相比，悬移质输沙率的量值较小。值得注意的是，在 300 min 之后，推移质输沙率开始减小，悬移质输沙率开始增大。这是因为随着人工沙坝坝顶水深的增大，其遮蔽效应减弱，此时达到后方的波能增大，悬浮起更多的泥沙，使得悬移质输沙率增大。

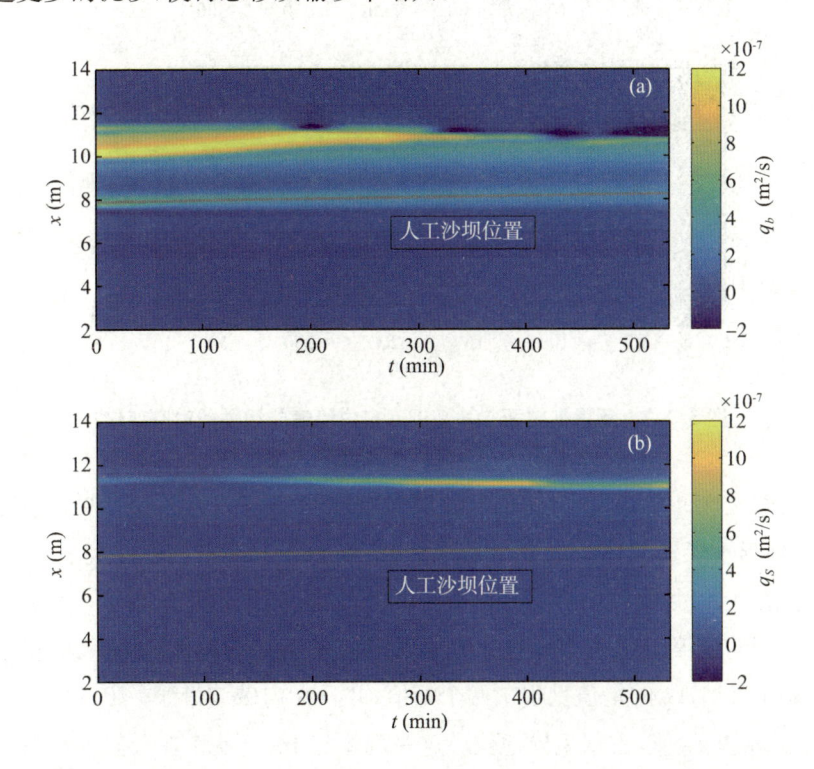

图 5.2.6 过渡型剖面 MI_1 输沙率的时空变化：(a)推移质输沙率；(b)悬移质输沙率

由上述分析可知，在常浪条件下，海滩剖面上以向岸的推移质输沙为主。推移质输沙率与非线性过程有关。图 5.2.7 给出了反射型海滩剖面上近底自由流速的速度不对称性（Sk_u）和加速度不对称性（As_u）的时空变化规律。可以看出，Sk_u 和 As_u 在人工沙坝上方和人工沙坝-岸线之间的区域里量值较大，而在人工沙坝向海区域其量值接近 0。Sk_u 的量值在人工沙坝上方和岸边较大，在人工沙坝向岸侧有所减小，这是因为波浪在人工沙坝上方浅化后破碎，在岸边波浪恢复后再次浅化。As_u 的量值在人工沙坝上方较大，并随时间减小。

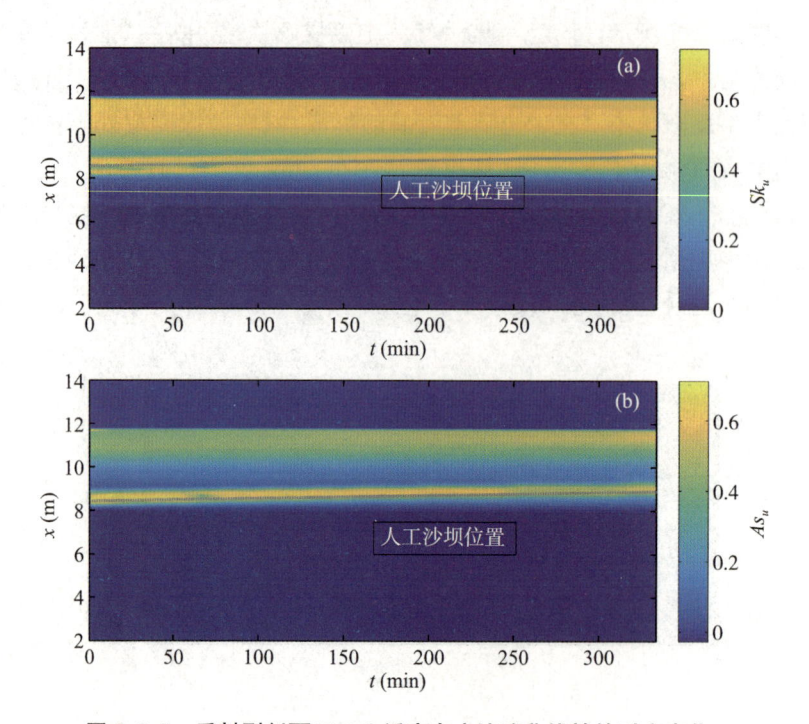

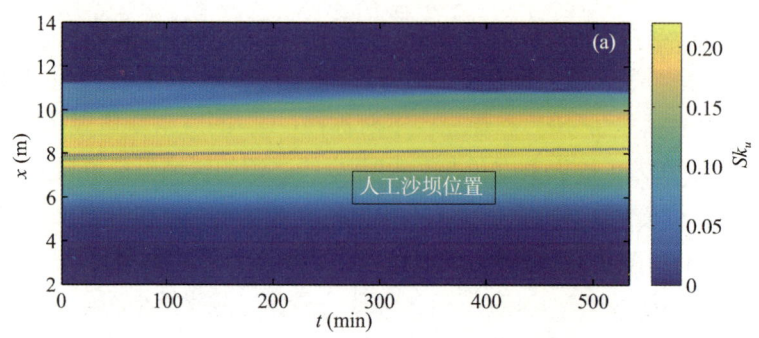

图 5.2.7 反射型剖面 MR_2 近底自由流速非线性的时空变化：
(a) 速度不对称性；(b) 加速度不对称性

如图 5.2.8 所示，在过渡型海滩剖面上，由于人工沙坝铺设位置距离岸线较远，坝顶水深较大，故 Sk_u 和 As_u 的数值在整体上小于反射型海滩剖面。Sk_u 的量值在人工沙坝上方 $x=7.5\sim9.5$ m 处较大，向岸边逐渐减小。在人工沙坝向海侧的波浪浅化区，Sk_u 的量值呈现出向岸增大的趋势，而 As_u 的量值可以忽略不计。As_u 的量值呈现出两个峰值，并且在内破波带 $x=10.1\sim11.5$ m 处大于 Sk_u 的量值，占据主导地位。这一现象与 Hsu 等[88]在天然沙坝海岸上的观测结果相符。

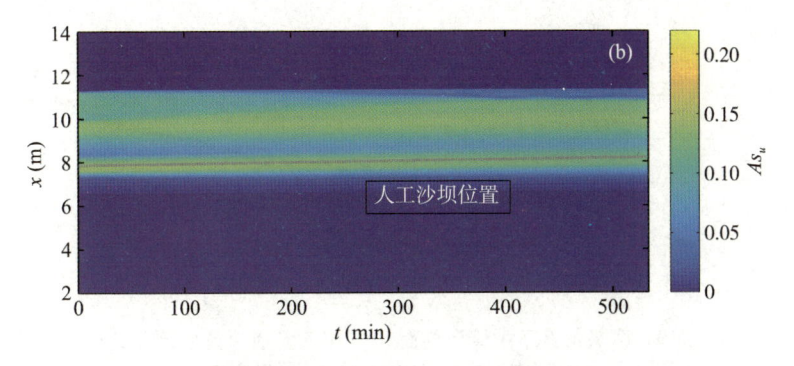

图 5.2.8 过渡型剖面 MI_1 近底自由流速非线性的时空变化：
(a)速度不对称性；(b)加速度不对称性

5.2.2 风暴条件下人工沙坝输沙规律

5.2.2.1 模型校核

图 5.2.9 给出了风暴条件下反射型海滩剖面上组次 SI_1 的波高、输沙率梯度和地形变化实测值和模型值的对比，模型参数的选取如表 5.2.2 所示。模型波高的计算值与实测值在量值和趋势上都吻合较好。通过比较输沙率梯度的实测值与计算值，发现模型较好地模拟了人工沙坝、内沙坝和岸线上方的输沙率梯度。人工沙坝受地形的限制，在向离岸方向上的移动较小，模型较好地模拟了内外沙坝区域的地形变化。

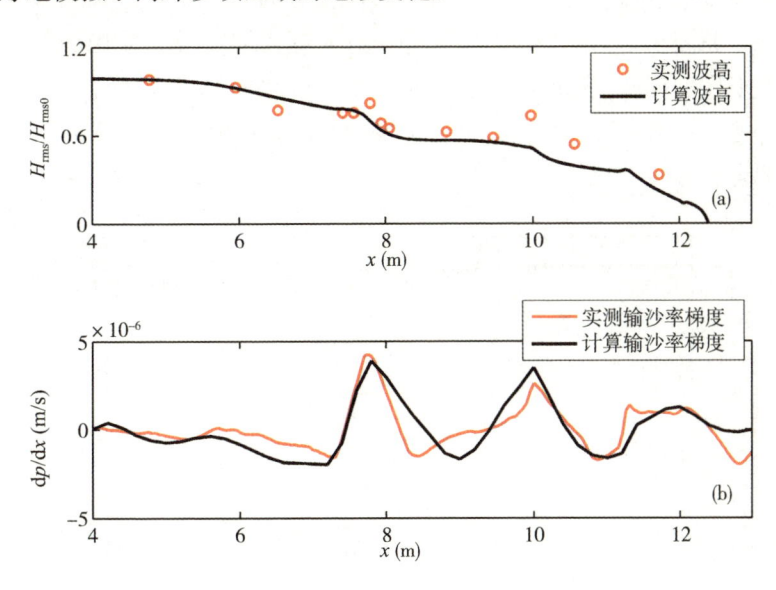

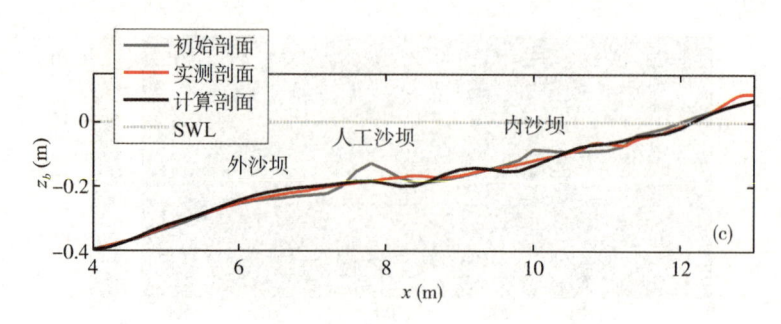

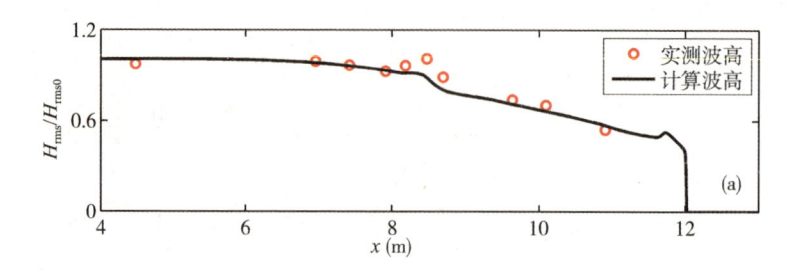

图 5.2.9　风暴条件下过渡型剖面 SI_1 上实测值与模型计算值对比：
(a)波高；(b)输沙率梯度；(c)地形演变

表 5.2.2　风暴条件下模型参数选取

算例	海滩剖面类型	β	f_v	φ (°)
SI_1	过渡型	0.15	0.055	15
SRV_1	反射型	0.15	0.055	15

图 5.2.10 给出了风暴条件下过渡型海滩剖面上组次 SRV_1 的波高、输沙率梯度和地形变化实测值和模型值的对比，模型参数的选取如表 5.2.2 所示。虽然模型成功地模拟了波高的沿程变化，但是模型无法模拟风暴条件下的人工沙坝向岸迁移。如图 5.2.10 所示，模型在 $x=6.2\sim8.3$ m 区域高估了离岸输沙率梯度，在 $x=8.3\sim9.2$ m 区域低估了向岸输沙率梯度。进一步调试模型参数后模型结果没有明显的改进，也无法复演出人工沙坝的向岸迁移。原因在于，诸如 CROSPE 等的海滩剖面演变模型采用的是周期平均的波浪模型框架，因此无法考虑 3.1.3 节中阐述的风暴条件下人工沙坝向岸迁移的动力条件，即卷破波紊动传递到底床的时刻与波峰时刻之间的相位耦合。

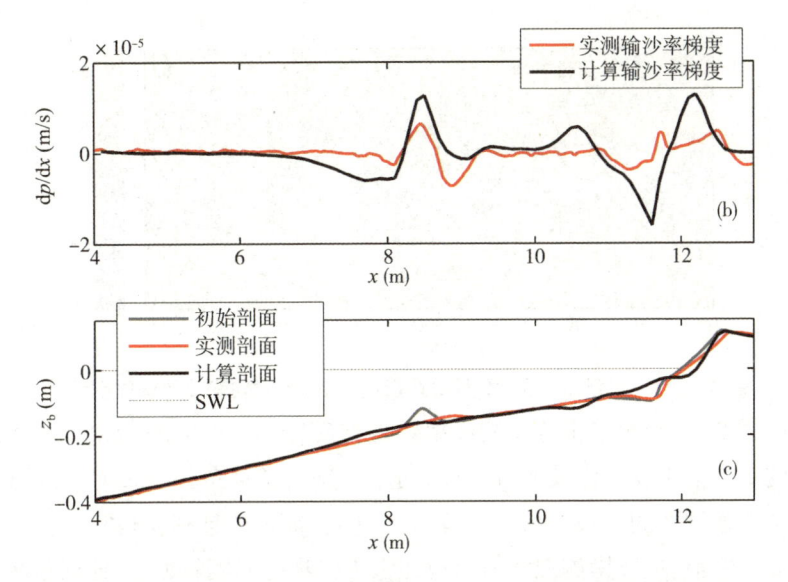

图 5.2.10　风暴条件下反射型剖面 SRV_1 上实测值与模型计算值对比：
(a)波高；(b)输沙率梯度；(c)地形演变

5.2.2.2　输沙率时空分布

在本节中，根据过渡型剖面 SI_1 的数模结果，分析风暴条件下过渡型海滩剖面上的输沙率时空变化。SI_1 中的地形高程和时均输沙率的时空变化如图 5.2.11 所示。人工沙坝出现轻微的向岸迁移，沙坝高程减小，沙坝跨度增大。由于模型考虑了重力(坡度)对输沙率的影响，因此人工沙坝向海侧以离岸输沙为主，向岸侧以向岸输沙为主。在波浪的作用下，人工沙坝形态逐渐衰减，与天然沙坝逐渐融合，在 $x=7\sim 9$ m 区域内，时均输沙率极值主要取决于天然沙坝。由于该组次中人工沙坝的坝顶水深较大，遮蔽效应较弱，因此最大输沙率出现在初始时刻的岸边位置。人工沙坝向海剖面上的输沙率总体随时间减小，说明整体剖面在向平衡状态发展。

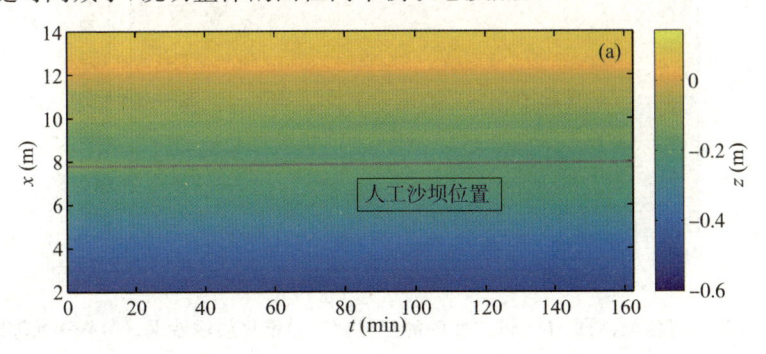

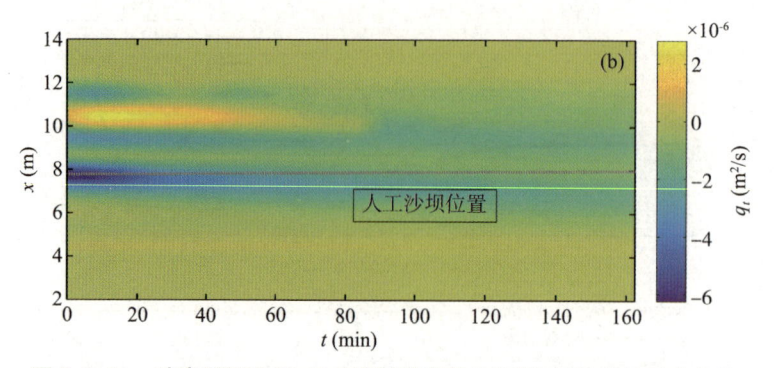

图 5.2.11　过渡型剖面 SI_1(a)地形高程和(b)时均输沙率的时空变化

图 5.2.12 给出了推移质输沙率和悬移质输沙率的时空变化。推移质输沙率的最大值出现在内破波带，方向向岸。这与常浪条件下过渡型海滩剖面上推移质输沙率的分布规律一致(图 5.2.6)。离岸的推移质输沙率在剖面上出现 3 个峰值，最离岸侧的峰值出现在人工沙坝向海侧斜坡上，此处是缘于重力的作用使得泥沙向岸输运；第二个峰值出现在人工沙坝向岸侧的深槽内，此处通常为底部离岸流流速较大的位置[176]；第三个峰值出现在岸边，这与岸边由增水引起的水平压强梯度有关[91,220]。

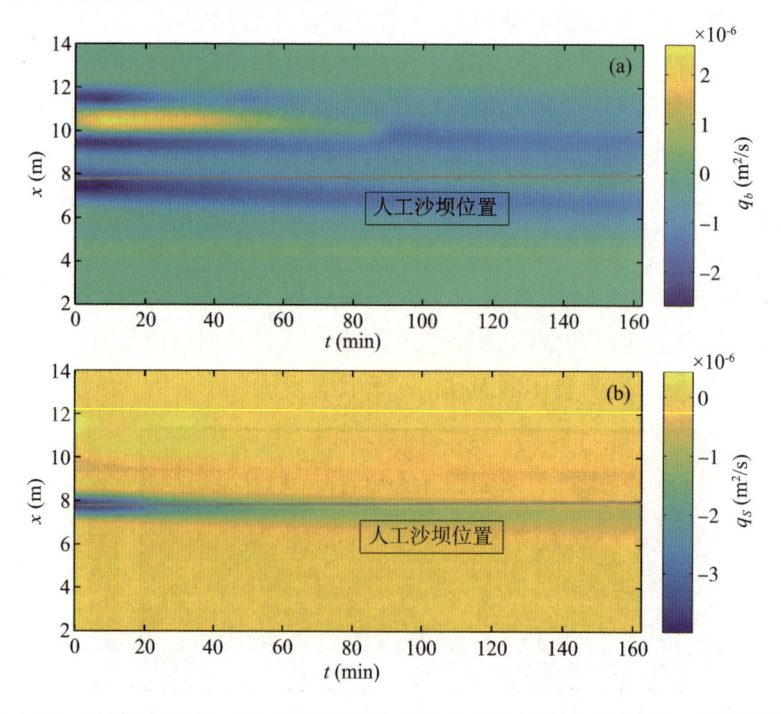

图 5.2.12　过渡型剖面 SI_1 输沙率的时空变化：(a)推移质输沙率；(b)悬移质输沙率

在人工沙坝的向海侧斜坡和人工沙坝向岸侧的深槽 $x=8.9\sim9.8$ m 区域，悬移质输沙的方向均为离岸输沙，且后者的量值小于前者。悬移质输沙率与底部离岸流流速和水体含沙浓度有关。Zheng 等[66]发现，在沙坝海岸上波浪的掀沙作用使得很小的底部离岸流也会引起较大的离岸输沙率。图 5.2.13 给出了时间平均、水深积分的底部离岸流流速和水体含沙浓度的时空变化。底部离岸流流速的最大值出现在岸边，并随时间减小。在人工沙坝坝顶，底部离岸流流速存在一个次峰，这是由于人工沙坝上方的水深相对较浅，造成过水断面变小，流速变大。含沙浓度的最大值出现在人工沙坝上方，说明此处的波浪掀沙能力较强。在岸边的含沙浓度相对较小，因此即便此处的底部离岸流流速较大，引起的流致离岸输沙也相对较小，这与图 5.2.12(b) 所示一致。

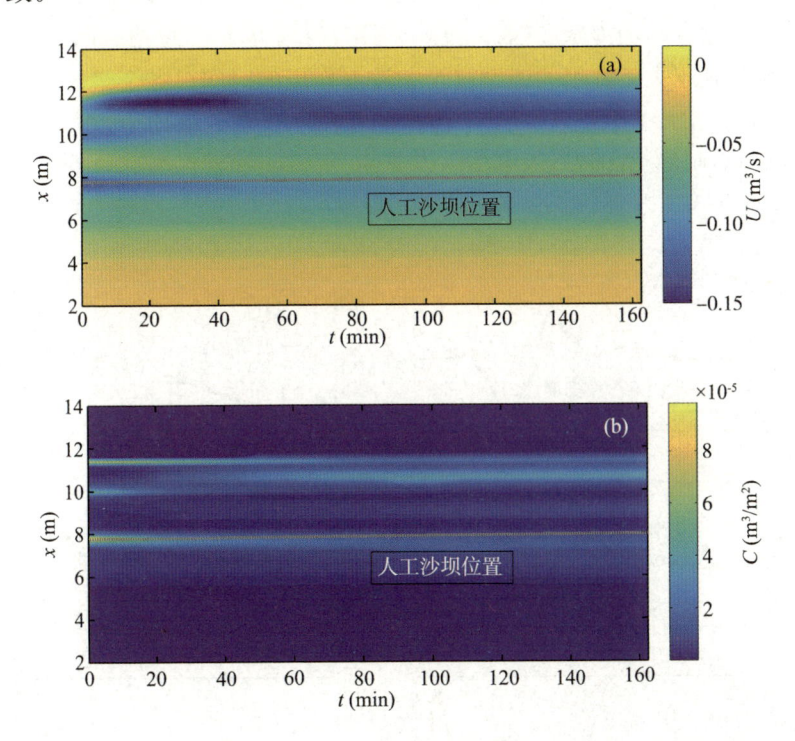

图 5.2.13 过渡型剖面 SI_1(a) 底部离岸流流速和(b)含沙浓度的时空变化

5.3 不同喂养模式下的输沙特性分析

5.3.1 数学模型校核

在 3.2 节中已提到,常浪条件下由于填沙位置和水深的不同,MRV_1～MRV_3 组次中的人工沙坝呈现出不同的向岸迁移喂养模式,即"增长型"和"衰减型"。通过前面章节中初步的研究发现,当填沙位置离岸较近、坝顶水深较小时,人工沙坝在喂养海岸的过程中更倾向于"增长型"。本节将基于数值模拟分析不同喂养模式下的泥沙运动规律与水动力特性。图 5.3.1 给出了组次 MRV_1～MRV_3 的波高、输沙率梯度和地形变化计算值与实测值的对比,这 3 个组次的动力条件(入射波高、周期)与地貌环境(反射型剖面)完全一致,区别仅在于人工沙坝的铺设位置和波浪作用的时间。各个组次的模型调试参数如表 5.3.1 中所示,这 3 个组次的相位变化角取值均为 30°,紊动系数取值也较为接近,范围在 0.04～0.06 之间,进一步调试参数并不会影响本节的主要结论。

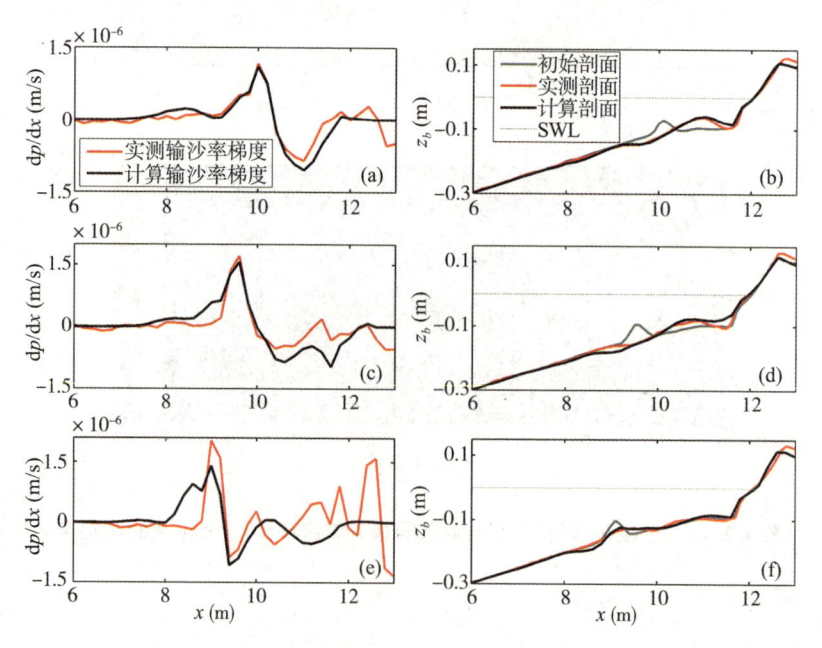

图 5.3.1 增长型 MRV_1(a、b),增长型 MRV_2(c、d),衰减型 MRV_3(e、f)中输沙率梯度(左列)和地形剖面(右列)实测值与计算值对比

表 5.3.1　不同喂养模式组次中模型参数选取

算例	喂养模式	β	f_v	$\varphi(°)$
MRV_1	增长型	0.2	0.04	30
MRV_2	增长型	0.12	0.06	30
MRV_3	衰减型	0.10	0.05	30

5.3.2　底部离岸流对喂养模式的影响

人工沙坝作为一个地貌单元,在向岸迁移的过程中会不断地和周围地貌发生泥沙交换。泥沙交换的形式分为推移质输沙和悬移质输沙。在本节中将悬移质输沙率进一步分解为波致输沙率(q_{sw})和流致输沙率(q_{sc})。波致悬移质输沙率与近底自由流速的非线性有关,方向向岸。流致悬移质输沙率与时均底部离岸流流速和时均悬沙浓度有关。人工沙坝上方的波浪非线性较强,推移质输沙和波致悬移质输沙会携带人工沙坝上方的泥沙向岸移动,对人工沙坝而言是泥沙量的损失。人工沙坝与岸线之间区域的底部离岸流较强,流致悬移质输沙则是携带人工沙坝和岸线之间的泥沙补充到人工沙坝的上方,对人工沙坝而言是泥沙量的增加。

图 5.3.2 给出了组次 MRV_1～MRV_3 初始时刻剖面上的推移质输沙率、流致悬移质输沙率、波致悬移质输沙率、悬沙浓度和底部离岸流流速的沿程分布。在 3 种输沙方式中,推移质输沙率的量值最大,流致悬移质输沙率的量值最小。"增长型"MRV_1 与"衰减型"MRV_3 剖面上最大推移质输沙率的量值接近,但 MRV_3 中的流致悬沙输沙率和波致悬移质输沙率几乎可以忽略不计。因此,在推移质输沙的作用下,MRV_3 的形态持续衰减。

当人工沙坝进一步靠岸铺设,通过比较 MRV_2 和 MRV_3,发现推移质输沙率和波致悬移质输沙率的量值接近,MRV_1 的流致悬沙输沙率则是明显大于 MRV_2,这导致 MRV_1 比 MRV_2 的"增长型"趋势更明显。由此说明,尽管流致悬移质输沙率的量值小于推移质输沙率,但是 MRV_1 在向岸迁移的过程中,其人工沙坝得到来自破波带内泥沙的补充更多,人工沙坝形态更显著。通过进一步比较 MRV_1 与 MRV_2 的底部离岸流流速和水体含沙浓度,发现 MRV_1 与 MRV_2 的含沙浓度几乎相等,而 MRV_1 的底部离岸流流速在量值上明显大于 MRV_2。

为了进一步研究底部离岸流对人工沙坝喂养模式的影响,对"增长型"组次 MRV_1 开展了考虑和不考虑数值模拟对比实验。图 5.3.3 给出了"增长型"组次 MRV_1 考虑和不考虑底部离岸流时地形剖面演变和时均输沙率的对比。可以看出，当数学模型不考虑底部离岸流时，模型不能复演出地形剖面的"增长型"趋势。虽然海滩剖面上的冲淤平衡点没有改变，但是人工沙坝的坝顶水深明显变大，坝槽形态明显衰减。剖面上时均输沙率空间分布格局被改变，在 $x = 9.5 \sim 11$ m 区域内的时均输沙率的量值减小。这是由于不考虑底部离岸流模拟的人工沙坝地形剖面坝槽形态不明显，使得剖面上波浪非线性和波浪破碎强度减小，进而整个剖面上的输沙能力减小。

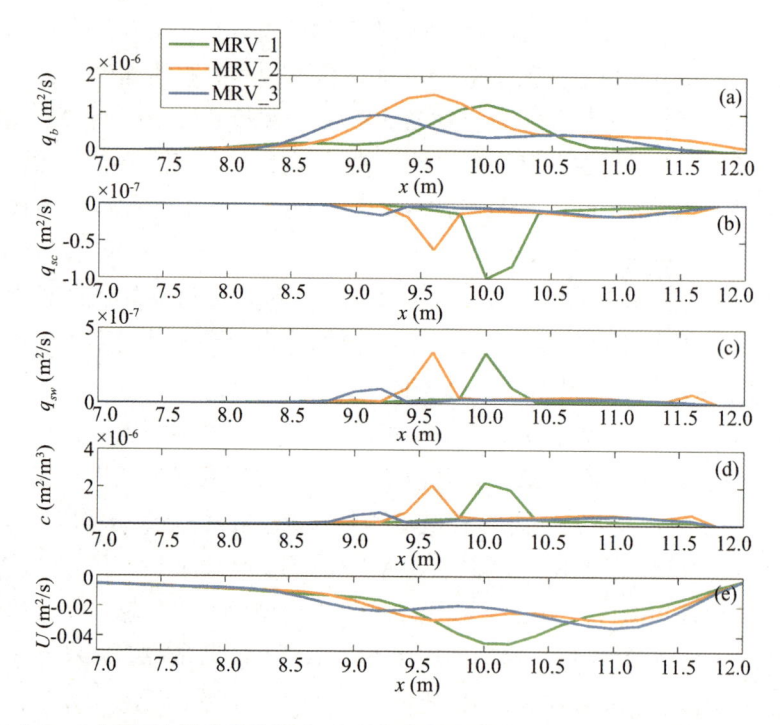

图 5.3.2 (a)剖面上推移质输沙率、(b)流致悬移质输沙率、(c)波致悬移质输沙率、(d)悬沙浓度和(e)底部离岸流流速的沿程分布规律

通过比较图 5.3.3(a)中考虑和不考虑底部离岸流的两条输沙率曲线可以看出，当模型考虑底部离岸流时，人工沙坝向岸侧的时均输沙率变化梯度显著增强，地形剖面的变化率更不平衡，极易出现增长模式；当模型不考虑底部离岸流时，人工沙坝向岸侧的时均输沙率变化梯度较小，输沙率曲线的峰值较小，跨度较大，此时地形剖面变化率的不平衡程度较低，更容易出现衰减模式。综上所述，底部离岸流对常浪条件下的人工沙坝喂养模式具有显著影响。随着人工沙坝位置与岸线之间距离的缩小，人工沙坝向岸侧的底部离岸

流流速逐渐增大，携带泥沙向海输移并填补人工沙坝，同时显著增强人工沙坝向岸侧的总输沙率变化梯度，促进形成"增长型"人工沙坝喂养模式。

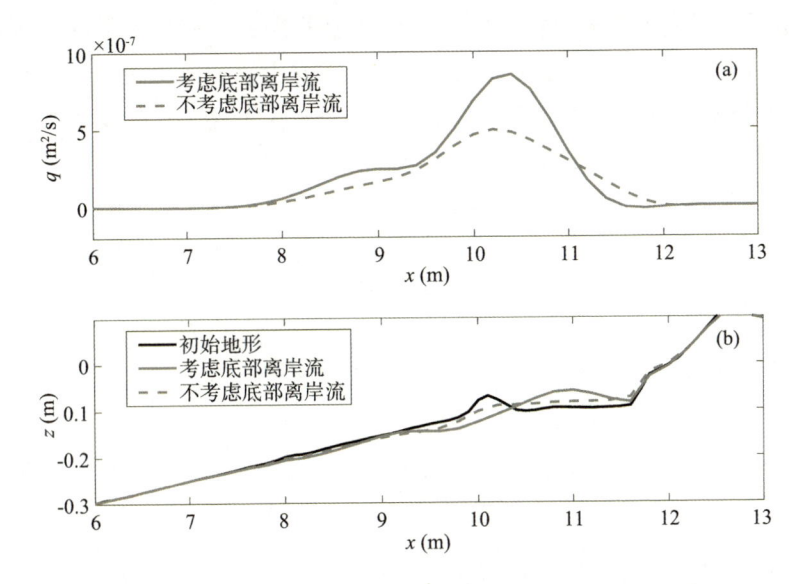

图 5.3.3 考虑和不考虑底部离岸流的(a)时均输沙率和(b)地形剖面演变比较

5.4 本章小结

本章采用实测的波高、输沙率梯度和地形剖面对 CROSPE 模型进行验证，并基于数学模型结果分析了人工沙坝在向岸迁移过程中的波流互制输沙率时空变化格局，以及"增长型"和"衰减型"两种不同喂养模式背后的水动力特性和输沙规律，具体结论如下：

常浪条件下，CROSPE 成功地复演了人工沙坝向岸迁移，模拟的波高、输沙率梯度和地形演变与实测值吻合较好。风暴条件下，CROSPE 能复演出过渡型海滩剖面上人工沙坝的形态衰减，但无法复演出反射型海滩剖面上的人工沙坝向岸迁移，这是因为模型没有考虑由卷破波引起的紊动传递到底床的时刻与波峰时刻的相位耦合。

常浪条件下，剖面上以向岸的推移质输沙为主，悬移质输沙可以忽略不计。推移质输沙率的最大值出现在人工沙坝上方或者岸边，取决于人工沙坝的遮蔽效应，推移质输沙率的量值随时间减小，表明整个地形剖面向平衡状态发展。风暴条件下，推移质输沙和悬移质输沙对剖面的塑造均有明显的影响。推移质输沙率的最大值出现在内破波带，方向向岸。悬移质输沙出现在人工沙坝的向海侧斜坡和人工沙坝向岸侧的深槽中，方向离岸。

  底部离岸流对常浪条件下的人工沙坝喂养模式具有显著影响。随着人工沙坝位置与岸线之间距离的缩小，人工沙坝向岸侧的底部离岸流流速逐渐增大，携带泥沙向海输移并填补人工沙坝，同时显著增强人工沙坝向岸侧的总输沙率变化梯度，促进形成"增长型"人工沙坝喂养模式。

第六章
结论与展望

6.1 主要结论

本书采用以物理模型实验为主、数值模拟为辅的方法,研究了人工沙坝剖面形态演变规律及其水沙运动机制。在波浪水槽中开展了 17 组人工沙坝养滩实验,考虑了风暴和常浪两种波浪条件、反射型和过渡型两种背景剖面形态、不同的坝顶水深和坡度等人工沙坝形态参数,测量了海滩剖面上的波浪分布和地形变化,分析了人工沙坝剖面形态演变规律。基于波浪实测数据,分析了人工沙坝上方的波能谱、波高和非线性参数的变化规律。采用实验数据对海滩剖面演变数学模型进行验证,模拟分析了人工沙坝演变过程中波流互制输沙率的时空变化特性及主导输沙机制,探讨了"增长型"和"衰减型"两种不同喂养模式背后的水沙运动特性。基于本研究中的物模实验和数值模拟结果,主要得出以下结论。

风暴条件下,较强形态的人工沙坝在大浪作用下可引起局部向岸输沙和向岸沙坝迁移,从而改变海滩整体冲淤状态和岸滩响应规律。人工沙坝在向岸迁移的过程中,形态逐渐衰减,坝顶水深增加,两侧坡度变缓。沙坝坝高和两侧坡度在初始时刻衰减得较快,最后逐渐趋于稳定。在反射型剖面上,坝顶水深较小的人工沙坝对滩肩的保护作用更明显;在过渡型剖面上,铺设在外沙坝坝槽中的人工沙坝比铺设在外沙坝向海侧的更有利于减小海岸侵蚀。发现人工沙坝会引起滩肩风暴响应存在时间上的滞后性,即人工沙坝的遮蔽效应在沙坝形态演变过程中具有动态性，提出考虑人工沙坝形态参数的破波相似系数，建立了人工沙坝与滩肩之间的地貌形态耦合关系式。常浪条件下，滩肩与岸线的形态变化规律取决于塑造背景剖面波浪条件与人工沙坝铺设后波浪条件的相对大小。人工沙坝在向岸迁移的过程中呈现出"增长型"和"衰减型"两种喂养模式，随着人工沙坝形态趋于平衡，波能耗散率沿程分布比初始剖面更为均匀。

波浪经过人工沙坝时，主要能量损耗出现在谱峰频率。人工沙坝上方的波浪具有强非线性特征，非线性参数的量值在该区域达到极大。发现波浪速度不对称性和加速度不对称性与厄塞尔数和人工沙坝坡度存在复合关系，并建立了人工沙坝上方波浪非线性参数的计算公式，与两个前人经验公式相比，速度不对称性和加速度不对称性的计算精度分别提高了6%～47%和22%～35%。基于小波变化的双谱分析法，探讨了由人工沙坝引起的水深突变与地形陡变对三波相互作用的影响机制。评估了9个波浪破碎能量耗散的参数化模型在人工沙坝上方的适用性，破碎指标考虑坡度的模型LS17在人工沙坝向海侧坡度增大时，模型误差逐渐减小。特别是当人工沙坝向海侧坡度大于0.24时，LS17模型的计算误差随坡度的增大而减小，BS85、R03和JB07模型的计算误差则随之明显增大。这说明了当波浪从缓坡向陡坡上传播时，模型需要考虑坡度的影响。从波能耗散的角度解释了人工沙坝形态与滩肩风暴响应之间的关系。

风暴条件下，推移质和悬移质输沙对剖面演变均有重要影响，推移质输沙率的最大值出现在内破波带，方向向岸；悬移质输沙率的最大值出现在人工沙坝的向海侧斜坡和人工沙坝向岸侧的深槽中，方向离岸。常浪条件下，以推移质输沙为主，推移质输沙率的最大值出现在人工沙坝上方或者岸边，取决于人工沙坝的遮蔽效应。推移质输沙率的量值随时间减小，整个地形剖面向平衡状态发展。底部离岸流对常浪条件下的人工沙坝喂养模式具有显著影响。随着人工沙坝位置与岸线之间的距离缩小，人工沙坝向岸侧的底部离岸流流速逐渐增大，携带泥沙向海输移并填补人工沙坝，同时显著增强人工沙坝向岸侧的总输沙率变化梯度，促进形成"增长型"人工沙坝喂养模式。

6.2 研究展望

本文研究基于水槽实验与数值模拟，分析研究了人工沙坝地貌形态演变、水动力特性与泥沙输运规律。然而在实际海岸中,动力条件、地貌环境和人工沙坝设计参数更为复杂,因此后续的研究工作可围绕以下几方面开展:

进一步提升对人工沙坝养滩过程中物理机制的认识。采用现场观测数据或三维港池实验数据,研究沿岸流和变化水位作用下人工沙坝的地貌形态演变规律和泥沙粒径对养滩效果的影响。

进一步改进人工沙坝养滩数值模拟方法。在现有的数学模型中考虑卷破波掀沙与波浪之间的相位关系,完善冲泻区内的水沙运动机制,提高卷破波作用下净输沙率的计算结果和改善冲泻区内地形演变的模拟结果。

检验与探讨人工沙坝养滩的实际工程应用。定量分析实际工程应用中人工沙坝的遮蔽效应与喂养效应,预测人工沙坝与周边岸滩地形的相互作用,探讨人工沙坝的设计参数优化。

参考文献

[1] 张明慧，孙昭晨，梁书秀，等. 海岸整治修复国内外研究进展与展望[J]. 海洋环境科学，2017，36(4)：635-640.

[2] HAMM L, CAPOBIANCO M, DETTE H H, et al. A summary of European experience with shore nourishment[J]. Coastal Engineering, 2002, 47(2): 237-264.

[3] HANSON H, BRAMPTON A, CAPOBIANCO M, et al. Beach nourishment projects, practices, and objectives—a European overview[J]. Coastal Engineering, 2002, 47(2): 81-111.

[4] 蔡锋，刘根. 我国海滩养护修复的发展与技术创新[J]. 应用海洋学学报，2019，38(4)：452-463.

[5] 戚洪帅，刘根，蔡锋，等. 海滩修复养护技术发展趋势与前景[J]. 应用海洋学学报，2021，40(1)：111-125.

[6] ARMSTRONG S, LAZARUS E. Masked shoreline erosion at large spatial scales as a collective effect of beach nourishment[J]. Earth's Future, 2019, 7(2): 74-84.

[7] CAPOBIANCO M, HANSON H, LARSON M, et al. Nourishment design and evaluation: Applicability of model concepts[J]. Coastal Engineering, 2002, 47(2): 113-135.

[8] DE SCHIPPER M, DE VRIES S, RUESSINK G, et al. Initial spreading of a mega feeder nourishment: Observations of the Sand Engine pilot project[J]. Coastal Engineering, 2016, 111: 23-38.

[9] SPIELMANN K, CERTAIN R, ASTRUC D, et al. Analysis of submerged bar nourishment strategies in a wave-dominated environment using a 2DV process-based model[J]. Coastal Engineering, 2011, 58(8): 767-778.

[10] VAN DER WERF J J, DE VET P L M, BOERSEMA M P, et al. An integral ap-

proach to design the Roggenplaat intertidal shoal nourishment[J]. Ocean & Coastal Management, 2019, 172: 30-40.

[11] KUANG C, PAN Y, ZHANG Y, et al. Performance evaluation of a beach nourishment project at west beach in Beidaihe, China[J]. Journal of Coastal Research, 2011, 27(4): 769-783.

[12] PAN Y, KUANG C, ZHANG J, et al. Postnourishment evolution of beach profiles in a low-energy sandy beach with a submerged berm[J]. Journal of Waterway, Port, Coastal, and Ocean Engineering, 2017, 143(4): 05017001.

[13] 匡翠萍, 董智超, 顾杰, 等. 岬湾海岸海滩养护工程对水体交换的影响[J]. 同济大学学报(自然科学版), 2019, 47(6): 769-777.

[14] 匡翠萍, 潘毅, 张宇, 等. 北戴河中直六、九浴场养滩工程效果分析与预测[J]. 同济大学学报(自然科学版), 2010, 38(4): 509-514.

[15] 杨燕雄, 杨雯, 邱若峰, 等. 人工近岸沙坝在海滩养护中的应用——以北戴河养滩工程为例[J]. 海洋地质前沿, 2013, 29(2): 23-30.

[16] STIVE M J F, DE SCHIPPER M A, LUIJENDIJK A P, et al. A new alternative to saving our beaches from sea-level rise: The Sand Engine[J]. Journal of Coastal Research, 2013, 29(5): 1001-1008.

[17] LUIJENDIJK A P, RANASINGHE R, DE SCHIPPER M A, et al. The initial morphological response of the Sand Engine: A process-based modelling study[J]. Coastal Engineering, 2017, 119: 1-14.

[18] MCFALL B C, BRUTSCHE K E, PRIESTAS A M, et al. Evaluation techniques for the beneficial use of dredged sediment placed in the nearshore[J]. Journal of Waterway, Port, Coastal, and Ocean Engineering, 2021, 147(5): 4021016.

[19] VAN DUIN M J P, WIERSMA N R, WALSTRA D J R, et al. Nourishing the shoreface: Observations and hindcasting of the Egmond case, The Netherlands[J]. Coastal Engineering, 2004, 51(8-9): 813-837.

[20] BRUTSCHÉ K E, WANG P, BECK T M, et al. Morphological evolution of a submerged artificial nearshore berm along a low-wave microtidal coast, Fort Myers Beach, west-central Florida, USA[J]. Coastal Engineering, 2014, 91: 29-44.

[21] ELKO N A, WANG P. Immediate profile and planform evolution of a beach nourishment project with hurricane influences[J]. Coastal Engineering, 2007, 54(1): 49-66.

[22] GRUNNET N M, RUESSINK B G. Morphodynamic response of nearshore bars to a shoreface nourishment[J]. Coastal Engineering, 2005, 52(2): 119-137.

[23] OJEDA E, RUESSINK B G, GUILLEN J. Morphodynamic response of a two-barred

beach to a shoreface nourishment[J]. Coastal Engineering, 2008, 55(12): 1185-1196.

[24] 庄振业, 曹立华, 李兵, 等. 我国海滩养护现状[J]. 海洋地质与第四纪地质, 2011, 31(3): 133-139.

[25] NIELSEN P, SHIMAMOTO T. Bar response to tides under regular waves[J]. Coastal Engineering, 2015, 106: 1-3.

[26] CHENG J, WANG P. Dynamic equilibrium of sandbar position and height along a low wave energy micro-tidal coast[J]. Continental Shelf Research, 2018, 165: 120-136.

[27] GRUNNET N M, WALSTRA D J R, RUESSINK B G. Process-based modelling of a shoreface nourishment[J]. Coastal Engineering, 2004, 51(7): 581-607.

[28] VAN MAANEN B, DE RUITER P J, COCO G, et al. Onshore sandbar migration at Tairua Beach (New Zealand): Numerical simulations and field measurements[J]. Marine Geology, 2008, 253(3-4): 99-106.

[29] HOEFEL F, ELGAR S. Wave-induced sediment transport and onshore sandbar migration[J]. Science, 2003, 299: 1885-1887.

[30] GRASSO F, MICHALLET H, BARTHÉLEMY E, et al. Physical modeling of intermediate cross-shore beach morphology: Transients and equilibrium states[J]. Journal of Geophysical Research, 2009, 114(C9): C09001.

[31] 李元, 张弛, 蔡钰, 等. 风暴条件下人工沙坝地貌形态演变试验研究[C]//中国海洋工程学会. 第十九届中国海洋(岸)工程学术讨论会论文集(下). 北京: 海洋出版社, 2019.

[32] AAGAARD T. Sediment supply to beaches: Cross-shore sand transport on the lower shoreface[J]. Journal of Geophysical Research: Earth Surface, 2014, 119(4): 913-926.

[33] AAGAARD T, DAVIDSON-ARNOTT R, GREENWOOD B, et al. Sediment supply from shoreface to dunes: Linking sediment transport measurements and long-term morphological evolution[J]. Geomorphology, 2004, 60(1-2): 205-224.

[34] AAGAARD T, KROON A, GREENWOOD B, et al. Observations of offshore bar decay: Sediment budgets and the role of lower shoreface processes[J]. Continental Shelf Research, 2010, 30(14): 1497-1510.

[35] 顾振华, 张弛, 郑金海. 波浪入射条件对双沙坝海岸演变的影响[J]. 泥沙研究, 2014(6): 68-72.

[36] RUESSINK B G, COCO G, RANASINGHE R, et al. A cross-wavelet study of alongshore nonuniform nearshore sandbar behavior[C]//The 2006 IEEE International Joint Conference on Neural Network Proceedings. IEEE, 2006.

[37] PHILLIPS M S, HARLEY M D, TURNER I L, et al. Shoreline recovery on wave-dominated sandy coastlines: The role of sandbar morphodynamics and nearshore wave parameters[J]. Marine Geology, 2017, 385: 146-159.

[38] BALDOCK T E, BIRRIEN F, ATKINSON A, et al. Morphological hysteresis in the evolution of beach profiles under sequences of wave climates - Part 1: observations [J]. Coastal Engineering, 2017, 128: 92-105.

[39] HOEKSTRA P, HOUWMAN K T, KROON A, et al. Morphological development of the Terschelling shoreface nourishment in response to hydrodynamic and sediment transport processes[C]//Proceedings of 25th International Conference on Coastal Engineering. ASCE, 1996.

[40] MARINHO B, COELHO C, LARSON M, et al. Cross-shore modelling of multiple nearshore bars at a decadal scale[J]. Coastal Engineering, 2020, 159: 103722.

[41] BODGE K R. Representing equilibrium beach profiles with an exponential expression [J]. Journal of Coastal Research, 1992, 8: 47-55.

[42] BRUUN P. Coast erosion and the development of beach profiles[M]. Technical memorandum-Beach Erosion Board, 1954.

[43] DEAN R G. Equilibrium beach profiles[J]. Journal of Coastal Research, 1991, 7(1): 53-84.

[44] KOMAR P, MCDOUGAL W G. The analysis of exponential beach profiles[J]. Journal of Coastal Research, 1994, 10(1): 59-69.

[45] DEAN R G. Equilibrium Beach Profiles: US Atlantic and Gulf Coasts[R]. Newark: University of Delaware, 1977.

[46] INMAN D L, ELWANY M H S, JENKINS S A. Shorerise and bar - berm profiles on ocean beaches[J]. Journal of Geophysical Research: Oceans, 1993, 98(C10): 18181-18199.

[47] LARSON M, KRAUS N C, WISE R A. Equilibrium beach profiles under breaking and non-breaking waves[J]. Coastal Engineering, 1999, 36(1): 59-85.

[48] WANG P, DAVIS R A. A beach profile model for a barred coast: Case study from Sand Key, West-Central Florida[J]. Journal of Coastal Research, 1998, 14(3): 981-991.

[49] HOLMAN R A, LALEJINI D M, EDWARDS K, et al. A parametric model for barred equilibrium beach profiles[J]. Coastal Engineering, 2014, 90: 85-94.

[50] HOLMAN R A, LALEJINI D M, HOLLAND T. A parametric model for barred equilibrium beach profiles: Two-dimensional implementation[J]. Coastal Engineering, 2016, 117: 166-175.

[51] WANG P, KRAUS N C. Beach profile equilibrium and patterns of wave decay and energy dissipation across the surf zone elucidated in a large-scale laboratory experiment[J]. Journal of Coastal Research, 2005, 213: 522-534.

[52] WANG P, EBERSOLE B, SMITH E. Beach-profile evolution under spilling and plunging breakers[J]. Journal of Waterway, Port, Coastal, and Ocean Engineering, 2003, 129(1): 41-46.

[53] LI Y, ZHANG C, CHEN D, et al. Barred beach profile equilibrium investigated with a process-based numerical model[J]. Continental Shelf Research, 2021, 222: 104432.

[54] 陈纯, 蒋昌波, 程永舟, 等. ADV在波浪边界层流动特性研究中的应用[J]. 泥沙研究, 2008(5): 60-65.

[55] BRYAN O, BAYLE P M, BLENKINSOPP C E, et al. Breaking wave imaging using Lidar and Sonar[J]. IEEE Journal of Oceanic Engineering, 2020, 45(3): 887-897.

[56] HOLMAN R A, BRODIE K L, SPORE N J. Surf zone characterization using a small quadcopter: Technical issues and procedures[J]. IEEE Transactions on Geoscience and Remote Sensing, 2017, 55(4): 2017-2027.

[57] VAN DER ZANDEN J, VAN DER A D A, CÁCERES I, et al. Near-bed turbulent kinetic energy budget under a large-scale plunging breaking wave over a fixed bar[J]. Journal of Geophysical Research: Oceans, 2018, 123(2): 1429-1456.

[58] ABREU T, SILVA P A, SANCHO F, et al. Analytical approximate wave form for asymmetric waves[J]. Coastal Engineering, 2010, 57(7): 656-667.

[59] DOERING J C, BOWEN A J. Parametrization of orbital velocity asymmetries of shoaling and breaking waves using bispectral analysis[J]. Coastal Engineering, 1995, 26(1-2): 15-33.

[60] DONG G, CHEN H, MA Y. Parameterization of nonlinear shallow water waves over sloping bottoms[J]. Coastal Engineering, 2014, 94: 23-32.

[61] ELFRINK B, HANES D M, RUESSINK B G. Parameterization and simulation of near bed orbital velocities under irregular waves in shallow water[J]. Coastal Engineering, 2006, 53(11): 915-927.

[62] PENG Z, ZOU Q, REEVE D, et al. Parameterisation and transformation of wave asymmetries over a low-crested breakwater[J]. Coastal Engineering, 2009, 56(11-12): 1123-1132.

[63] ROCHA M V L, MICHALLET H, SILVA P A. Improving the parameterization of wave nonlinearities—The importance of wave steepness, spectral bandwidth and beach slope[J]. Coastal Engineering, 2017, 121: 77-89.

[64] RUESSINK B G, RAMAEKERS G, VAN RIJN L C. On the parameterization of the free-stream non-linear wave orbital motion in nearshore morphodynamic models[J]. Coastal Engineering, 2012, 65: 56-63.

[65] ZOU Q, PENG Z. Evolution of wave shape over a low-crested structure[J]. Coastal Engineering, 2011, 58(6): 478-488.

[66] ZHENG J, ZHANG C, DEMIRBILEK Z, et al. Numerical study of sandbar migration under wave-undertow interaction[J]. Journal of Waterway, Port, Coastal, and Ocean Engineering, 2014, 140(2): 146-159.

[67] ELGAR S, GUZA R T. Observations of bispectra of shoaling surface gravity waves [J]. Journal of Fluid Mechanics, 1985, 161: 425-448.

[68] 马小舟, 马玉祥, 朱小伟, 等. 波浪在潜堤上传播的非线性参数分析[J]. 工程力学, 2016, 33(9): 235-241.

[69] HENDERSON S M, ALLEN J S, NEWBERGER P A. Nearshore sandbar migration predicted by an eddy-diffusive boundary layer model[J]. Journal of Geophysical Research, 2004, 109: C06024.

[70] RUESSINK B G, KURIYAMA Y, RENIERS A J H M, et al. Modeling cross-shore sandbar behavior on the timescale of weeks[J]. Journal of Geophysical Research: Earth Surface, 2007, 112(F3): F03010.

[71] DUBARBIER B, CASTELLE B, MARIEU V, et al. Process-based modeling of cross-shore sandbar behavior[J]. Coastal Engineering, 2015, 95: 35-50.

[72] 张弛, 郑金海, 王义刚. 波浪作用下沙坝剖面形成过程的数值模拟[J]. 水科学进展, 2012, 23(1): 104-109.

[73] 尹晶. 海岸沙坝运动的实验与数值模拟研究[D]. 大连: 大连理工大学, 2012.

[74] 张洋, 邹志利, 苟大荀, 等. 海岸沙坝剖面和滩肩剖面特征研究[J]. 海洋学报, 2015, 37(1): 147-157.

[75] 蒋昌波, 陈杰, 程永舟, 等. 海啸波作用下泥沙运动——Ⅰ. 岸滩剖面变化分析[J]. 水科学进展, 2012, 23(5): 665-672.

[76] 程永舟, 潘昀, 蒋昌波, 等. 破碎波作用下沙质海床床面形态变化试验[J]. 水科学进展, 2014, 25(2): 253-259.

[77] AAGAARD T, HUGHES M, BALDOCK T, et al. Sediment transport processes and morphodynamics on a reflective beach under storm and non-storm conditions[J]. Marine Geology, 2012, 326-328: 154-165.

[78] WANG P, HORWITZ M. Erosional and depositional characteristics of regional overwash deposits caused by multiple hurricanes[J]. Sedimentology, 2007, 54(3): 545-564.

[79] BALDOCK T E, WEIR F, HUGHES M G. Morphodynamic evolution of a coastal lagoon entrance during swash overwash[J]. Geomorphology, 2008, 95(3-4): 398-411.

[80] ZHANG C, ZHANG Q, ZHENG J, et al. Parameterization of nearshore wave front slope[J]. Coastal Engineering, 2017, 127: 80-87.

[81] LI Y, ZHANG C, CAI Y, et al. Experimental observation of artificial sandbar response to large waves[C]// Proceedinds of the 9th International Conference on Coastal Sediments. World Scientific, 2019.

[82] TING F C K, KIRBY J T. Dynamics of surf-zone turbulence in a spilling breaker[J]. Coastal Engineering, 1996, 27(3-4): 131-160.

[83] Ting F C K, Kirby J T. Dynamics of surf-zone turbulence in a strong plunging breaker[J]. Coastal Engineering, 1995, 24(3-4): 177-204.

[84] BALDOCK T E, HOLMES P, BUNKER S, et al. Cross-shore hydrodynamics within an unsaturated surf zone[J]. Coastal Engineering, 1998, 34(3): 173-196.

[85] BRINKKEMPER J A, AAGAARD T, DE BAKKER A T M, et al. Shortwave sand transport in the shallow surf zone[J]. Journal of Geophysical Research: Earth Surface, 2018, 123(5): 1145-1159.

[86] AAGAARD T, HUGHES M G, RUESSINK G. Field observations of turbulence, sand suspension, and cross - shore transport under spilling and plunging breakers[J]. Journal of Geophysical Research: Earth Surface, 2018, 123(11): 2844-2862.

[87] FERNÁNDEZ-MORA A, CALVETE D, FALQUÉS A, et al. Onshore sandbar migration in the surf zone: New insights into the wave-induced sediment transport mechanisms[J]. Geophysical Research Letters, 2015, 42(8): 2869-2877.

[88] HSU T, ELGAR S, GUZA R T. Wave-induced sediment transport and onshore sandbar migration[J]. Coastal Engineering, 2006, 53(10): 817-824.

[89] ZHANG C, ZHENG J, WANG Y, et al. Modeling wave – current bottom boundary layers beneath shoaling and breaking waves[J]. Geo-Marine Letters, 2011, 31(3): 189-201.

[90] ZHANG C, ZHENG J, WANG Y, et al. A process-based model for sediment transport under various wave and current conditions[J]. International Journal of Sediment Research, 2011, 26(4): 498-512.

[91] ZHANG C, ZHENG J, ZHANG J. Predictability of wave-induced net sediment transport using the conventional 1DV RANS diffusion model[J]. Geo-Marine Letters, 2014, 34(4): 353-364.

[92] LIM G, JAYARATNE R, SHIBAYAMA T. Suspended sand concentration models

under breaking waves: Evaluation of new and existing formulations[J]. Marine Geology, 2020, 426: 106197.

[93] VAN DER ZANDEN J, VAN DER A D A, HURTHER D, et al. Suspended sediment transport around a large-scale laboratory breaker bar[J]. Coastal Engineering, 2017, 125: 51-69.

[94] FELLOWES T E, VILA-CONCEJO A, GALLOP S L, et al. Decadal shoreline erosion and recovery of beaches in modified and natural estuaries[J]. Geomorphology, 2021, 390: 107884.

[95] 郭俊丽, 时连强, 童宵岭, 等. 浙江朱家尖岛东沙海滩对热带风暴"娜基莉"的响应及风暴后的恢复[J]. 海洋学报, 2018, 40(9): 137-147.

[96] 蒋昌波, 伍志元, 陈杰, 等. 风暴潮作用下泥沙运动和岸滩演变研究综述[J]. 长沙理工大学学报(自然科学版), 2014, 11(1): 1-9.

[97] JACOBSEN N G, FREDSØE J. Cross-shore redistribution of nourished sand near a breaker bar[J]. Journal of Waterway, Port, Coastal, and Ocean Engineering, 2014, 140(2): 125-134.

[98] JACOBSEN N G, FREDSOE J, JENSEN J H. Formation and development of a breaker bar under regular waves. Part 1: Model description and hydrodynamics[J]. Coastal Engineering, 2014, 88: 182-193.

[99] LI Y, ZHANG C, CAI Y, et al. Wave dissipation and sediment transport patterns during shoreface nourishment towards equilibrium[J]. Journal of Marine Science and Engineering, 2021, 9(5): 535.

[100] LESSER G R, ROELVINK J A, VAN KESTER J A T M, et al. Development and validation of a three-dimensional morphological model[J]. Coastal Engineering, 2004, 51(8-9): 883-915.

[101] BAIN R, MCFALL B, KRAFFT D, et al. Evaluating transport formulations for application to nearshore berms[J]. Journal of Waterway, Port, Coastal, and Ocean Engineering, 2021, 147(6): 04021031.

[102] ROELVINK J A, STIVE M J F. Bar-generating cross-shore flow mechanisms on a beach[J]. Journal of Geophysical Research Oceans, 1989, 94(C4): 4785-4800.

[103] LARSON M, HANSON H. Model of the evolution of mounds placed in the nearshore[J]. Revista de Gestão Costeira Integrada, 2015, 15(1): 21-33.

[104] RADERMACHER M, DE SCHIPPER M A, PRICE T D, et al. Behaviour of subtidal sandbars in response to nourishments[J]. Geomorphology, 2018, 313: 1-12.

[105] GIJSMAN R, VISSCHER J, SCHLURMANN T. The lifetime of shoreface nourishments in fields with nearshore sandbar migration[J]. Coastal Engineering, 2019,

152: 103521.

[106] CHEN W L, DODD N. An idealised study for the evolution of a shoreface nourishment[J]. Continental Shelf Research, 2019, 178: 15-26.

[107] CHEN W L, DODD N. A nonlinear perturbation study of a shoreface nourishment on a multiply barred beach[J]. Continental Shelf Research, 2021, 214: 104317.

[108] XIE M, LI S, ZHANG C, et al. Investigation and discussion on the beach morphodynamic response under storm events based on a three-dimensional numerical model[J]. China Ocean Engineering, 2021, 35(1): 12-25.

[109] SMITH E R, MOHR M C, CHADER S A. Laboratory experiments on beach change due to nearshore mound placement[J]. Coastal Engineering, 2017, 121: 119-128.

[110] CAO Z, ZHANG C, CHI S, et al. Video-based monitoring of an artificial beach nourishment project[J]. Journal of Coastal Research, 2020, 95(S1): 1037-1041.

[111] VIDAL-RUIZ J A, RUIZ DE ALEGRÍA-ARZABURU A. Modes of onshore sandbar migration at a single-barred and swell-dominated beach[J]. Marine Geology, 2020, 426: 106222.

[112] XUE M, ZHENG J, LIN P, et al. Experimental study on vertical baffles of different configurations in suppressing sloshing pressure[J]. Ocean Engineering, 2017, 136: 178-189.

[113] WRIGHT L D, SHORT A D. Morphodynamic variability of surf zones and beaches: A synthesis[J]. Marine Geology, 1984, 56(1-4): 92-118.

[114] EICHENTOPF S, KARUNARATHNA H, ALSINA J M. Morphodynamics of sandy beaches under the influence of storm sequences: Current research status and future needs[J]. Water Science and Engineering, 2019, 12(3): 221-234.

[115] COCO G, SENECHAL N, REJAS A, et al. Beach response to a sequence of extreme storms[J]. Geomorphology, 2014, 204: 493-501.

[116] EICHENTOPF S, VAN DER ZANDEN J, CÁCERES I, et al. Influence of storm sequencing on breaker bar and shoreline evolution in large-scale experiments[J]. Coastal Engineering, 2020, 157: 103659.

[117] KUANG C, MA Y, HAN X, et al. Experimental observation on beach evolution process with presence of artificial submerged sand bar and reef[J]. Journal of Marine Science and Engineering, 2020, 8(12): 1019.

[118] 董胜, 张华昌, 宁萌, 等. 海岸工程模型试验[M]. 青岛: 中国海洋大学出版社, 2016.

[119] HIDEAKI N. Scale relations for equilibrium beach profiles[C]//Proceedings of the

16th International Conference on Coastal Engineering. ASCE, 1978.

[120] BALDOCK T E. Dissipation of incident forced long waves in the surf zone—Implications for the concept of "bound" wave release at short wave breaking[J]. Coastal Engineering, 2012, 60: 276-285.

[121] ALSINA J M, PADILLA E M, CÁCERES I. Sediment transport and beach profile evolution induced by bi-chromatic wave groups with different group periods[J]. Coastal Engineering, 2016, 114: 325-340.

[122] ATKINSON A L, BALDOCK T E. Laboratory investigation of nourishment options to mitigate sea level rise induced erosion[J]. Coastal Engineering, 2020, 161: 103769.

[123] GALLAGHER E L, ELGAR S, GUZA R T. Observations of sand bar evolution on a natural beach[J]. Journal of Geophysical Research Oceans, 1998, 103(C2): 3203-3215.

[124] MASSELINK G, BEETHAM E, KENCH P. Coral reef islands can accrete vertically in response to sea level rise[J]. Science advances, 2020, 6(24): eaay3656.

[125] DEAN R G, DALRYMPLE R A. Coastal processes with engineering applications[M]. Cambridge: Cambridge University Press, 2004: 487.

[126] MILLER J K, DEAN R G. Shoreline variability via empirical orthogonal function analysis: Part I temporal and spatial characteristics[J]. Coastal Engineering, 2007, 54(2): 111-131.

[127] 杨玉宝, 潘毅, 陈永平, 等. 低能砂质海岸人工水下沙坝剖面的演变分析[J]. 水动力学研究与进展(A辑), 2019, 34(02): 232-237.

[128] CARAPUÇO M M, TABORDA R, SILVEIRA T M, et al. Coastal geoindicators: Towards the establishment of a common framework for sandy coastal environments[J]. Earth-Science Reviews, 2016, 154: 183-190.

[129] EICHENTOPF S, VAN DER ZANDEN J, CÁCERES I, et al. Beach profile evolution towards equilibrium from varying initial morphologies[J]. Journal of Marine Science and Engineering, 2019, 7(11): 406.

[130] NIENHUIS J H, HEIJKERS L G H, RUESSINK G. Barrier breaching versus overwash deposition: Predicting the morphologic impact of storms on coastal barriers[J]. Journal of Geophysical Research: Earth Surface, 2021, 126(6): e2021JF006066.

[131] BLENKINSOPP C E, MATIAS A, HOWE D, et al. Wave runup and overwash on a prototype-scale sand barrier[J]. Coastal Engineering, 2016, 113: 88-103.

[132] DONNELLY C, KRAUS N, LARSON M. State of knowledge on measurement and modeling of coastal overwash[J]. Journal of Coastal Research, 2006, 224(4): 965-

991.

[133] KOBAYASHI N. Wave overtopping of levees and overwash of dunes[J]. Journal of Coastal Research, 2010, 26(5): 888-990.

[134] LASHLEY C H, BERTIN X, ROELVINK D, et al. Contribution of infragravity waves to run-up and overwash in the pertuis breton embayment (France)[J]. Journal of Marine Science and Engineering, 2019, 7(7): 205.

[135] MATIAS A, RITA CARRASCO A, LOUREIRO C, et al. Field measurements and hydrodynamic modelling to evaluate the importance of factors controlling overwash [J]. Coastal Engineering, 2019, 152: 103523.

[136] MCCALL R, MASSELINK G, POATE T, et al. Predicting overwash on gravel barriers[J]. Journal of Coastal Research, 2013, 65(sp2): 1473-1478.

[137] NELLI F, BENNETTS L G, SKENE D M, et al. Water wave transmission and energy dissipation by a floating plate in the presence of overwash[J]. Journal of Fluid Mechanics, 2020, 889: A19.

[138] SKENE D M, BENNETTS L G, WRIGHT M, et al. Water wave overwash of a step[J]. Journal of Fluid Mechanics, 2018, 839: 293-312.

[139] TOMASICCHIO G R, SÁNCHEZ-ARCILLA A, D'ALESSANDRO F, et al. Large-scale experiments on dune erosion processes[J]. Journal of Hydraulic Research, 2011, 49(sup1): 20-30.

[140] 李松喆, 纪超, 张庆河. 波流与泥沙耦合模型中海岸越顶水流冲刷模拟[J]. 水力发电学报, 2021, 40(7): 152-162.

[141] FIGLUS J, KOBAYASHI N, GRALHER C, et al. Wave overtopping and overwash of dunes[J]. Journal of Waterway, Port, Coastal, and Ocean Engineering, 2010, 137(1): 26-33.

[142] KOBAYASHI N, KIM H D. Rock seawall in the swash zone to reduce wave overtopping and overwash of a sand beach[J]. Journal of Waterway, Port, Coastal, and Ocean Engineering, 2017, 143(6): 04017033.

[143] ROEBER V, BRICKER J D. Destructive tsunami-like wave generated by surf beat over a coral reef during Typhoon Haiyan[J]. Nature Communications, 2015, 6(1): 7854.

[144] 李锐. 风暴潮作用下的厦门岛沙滩剖面演变数值模拟[D]. 南京: 东南大学, 2017.

[145] WRIGHT L D, SHORT A D, GREEN M O. Short-term changes in the morphodynamic states of beaches and surf zones: An empirical predictive model[J]. Marine Geology, 1985, 62(3-4): 339-364.

[146] BATTJES J A. Surf similarity[C]//Proceedings of the 14th International Confer-

ence on Coastal Engineering. ASCE, 1974.

[147] HATTORI M, KAWAMATA R. Onshore-offshore transport and beach profile change[C]// Proceedings of the 17th International Conference on Coastal Engineering. ASCE, 1980.

[148] 戴志军, 施伟勇, 陈浩. 沙坝—潟湖海岸研究进展与展望[J]. 上海国土资源, 2011, 32(3): 12-17.

[149] GRASSO F, MICHALLET H, BARTHÉLEMY E. Experimental simulation of shoreface nourishments under storm events: A morphological, hydrodynamic, and sediment grain size analysis[J]. Coastal Engineering, 2011, 58(2): 184-193.

[150] VAN GENT M R A, VAN THIEL DE VRIES J S M, COEVELD E M, et al. Large-scale dune erosion tests to study the influence of wave periods[J]. Coastal Engineering, 2008, 55(12): 1041-1051.

[151] VAN THIEL DE VRIES J S M, VAN GENT M R A, WALSTRA D J R, et al. Analysis of dune erosion processes in large-scale flume experiments[J]. Coastal Engineering, 2008, 55(12): 1028-1040.

[152] WALSTRA D J R, RENIERS A J H M, RANASINGHE R, et al. On bar growth and decay during interannual net offshore migration[J]. Coastal Engineering, 2012, 60: 190-200.

[153] WALSTRA D J R, RUESSINK B G, RENIERS A J H M, et al. Process-based modeling of kilometer-scale alongshore sandbar variability[J]. Earth Surface Processes and Landforms, 2015, 40(8): 995-1005.

[154] COCO G, CALVETE D, RIBAS F, et al. Emerging crescentic patterns in modelled double sandbar systems under normally incident waves[J]. Earth Surface Dynamics, 2020, 8(2): 323-334.

[155] RUESSINK B G, KROON A. The behaviour of a multiple bar system in the nearshore zone of Terschelling, the Netherlands: 1965 - 1993[J]. Marine Geology, 1994, 121(3-4): 187-197.

[156] DAVIDSON-ARNOTT R G D, GREENWOOD B. Sedimentation and equilibrium in wave-formed bars: A review and case study[J]. Canadian Journal of Earth Sciences, 1979, 16(2): 312-332.

[157] FARAONI V. On the extremization of wave energy dissipation rates in equilibrium beach profiles[J]. Journal of Oceanography, 2020, 76: 459-463.

[158] MOORE B D. Beach profile evolution in response to changes in water level and wave height[D]. Newark: University of Delaware, 1982.

[159] BATTJES J A, STIVE M J F. Calibration and verification of a dissipation model for

random breaking waves[J]. Journal of Geophysical Research, 1985, 90(C5): 9159-9167.

[160] POWER H E, HUGHES M G, AAGAARD T, et al. Nearshore wave height variation in unsaturated surf[J]. Journal of Geophysical Research: Oceans, 2010, 115(C8): C08030.

[161] RÓŻYŃSKI G. Unexpected property of Dean-type equilibrium beach profiles[J]. Journal of Waterway, Port, Coastal, and Ocean Engineering, 2021, 147(5): 6021001.

[162] RÓŻYŃSKI G. Parameterization of erosion vulnerability at coasts with multiple bars: A case study of Baltic Sea coastal segment in Poland[J]. Coastal Engineering, 2020, 159: 103723.

[163] CHEN H, JIANG D, TANG X, et al. Evolution of irregular wave shape over a fringing reef flat[J]. Ocean Engineering, 2019, 192: 106544.

[164] 陈松贵, 郑金海, 王泽明, 等. 珊瑚岛礁护岸对礁坪上极端波浪传播特性的影响[J]. 水利水运工程学报, 2019(6): 59-68.

[165] 佟士祺, 李珍, 张婷玉, 等. 规则波在陡坡潜堤上传播变形的数值模拟[J]. 大连海事大学学报, 2021, 47(1): 45-51.

[166] 易振宇, 蒋昌波, 屈科, 等. 聚焦波浪在浅堤上传播变形高精度数值模拟研究[J]. 海洋工程, 2021, 39(1): 32-42.

[167] 罗洵, 马玉祥. 聚焦波浪在潜堤上传播变形的数值模拟[J]. 工程力学, 2013, 30(4): 466-471.

[168] DONG G, MA Y, PERLIN M, et al. Experimental study of wave – wave nonlinear interactions using the wavelet-based bicoherence[J]. Coastal Engineering, 2008, 55(9): 741-752.

[169] 邹志利. 海岸动力学:第四版[M]. 北京:人民交通出版社, 2009.

[170] APOTSOS A, RAUBENHEIMER B, ELGAR S, et al. Testing and calibrating parametric wave transformation models on natural beaches[J]. Coastal Engineering, 2008, 55(3): 224-235.

[171] POWER H E, BALDOCK T E, CALLAGHAN D P, et al. Surf zone states and energy dissipation regimes — A similarity model[J]. Coastal Engineering Journal, 2013, 55(1): 1350001-1350003.

[172] ZHANG C, ZHANG Q, LEI G, et al. Wave nonlinearity correction for parametric nearshore wave modelling[J]. Journal of Coastal Research, 2018, 85 (10085): 996-1000.

[173] URSELL F, DEAN R G, YU Y S. Forced small-amplitude water waves: A comparison of theory and experiment[J]. Journal of Fluid Mechanics, 1960, 7(1): 33-

52.

[174] GODA Y. Reanalysis of regular and random breaking wave statistics[J]. Coastal Engineering Journal, 2010, 52(1): 71-106.

[175] ZHENG J, MASE H, DEMIRBILEK Z, et al. Implementation and evaluation of alternative wave breaking formulas in a coastal spectral wave model[J]. Ocean Engineering, 2008, 35(11-12): 1090-1101.

[176] ZHENG J, TANG Y. Numerical simulation of spatial lag between wave breaking point and location of maximum wave-induced current[J]. China Ocean Engineering, 2009, 23(1): 59-71.

[177] ZHANG C, LI Y, CAI Y, et al. Parameterization of nearshore wave breaker index [J]. Coastal Engineering, 2021, 168: 103914.

[178] DE WIT F, TISSIER M, RENIERS A. Characterizing wave shape evolution on an ebb-tidal shoal[J]. Journal of Marine Science and Engineering, 2019, 7(10): 367.

[179] 马玉祥. 基于连续小波变换的波浪非线性研究[D]. 大连: 大连理工大学, 2010.

[180] BOOJI N, RIS R C, HOLTHUIJSEN L H. A third-generation wave model for coastal regions: 1. Model description and validation[J]. Journal of Geophysical Research, 1999, 104(C4): 7649-7666.

[181] RIS R C, BOOIJ N, HOLTHUIJSEN L H. A third-generation wave model for coastal regions: 2. Verification[J]. Journal of Geophysical Research: Oceans, 1999, 104(C4): 7667-7681.

[182] BATTJES J A, JANSSEN J P F M. Energy loss and set-up due to breaking of random waves[C]// Proceedings of the 16th International Conference on Coastal Engineering. ASCE, 1978.

[183] NAIRN, BRUCE R. Prediction of cross-shore sediment transport and beach profile evolution[J]. Applied Mechanics & Materials, 1990, 300-301: 1673-1676.

[184] SALMON J E, HOLTHUIJSEN L H, ZIJLEMA M, et al. Scaling depth-induced wave-breaking in two-dimensional spectral wave models[J]. Ocean Modelling, 2015, 87: 30-47.

[185] LIN S, SHENG J. Assessing the performance of wave breaking parameterizations in shallow waters in spectral wave models[J]. Ocean Modelling, 2017, 120: 41-59.

[186] THORNTON E B, GUZA R T. Transformation of wave height distribution[J]. Journal of Geophysical Research, 1983, 88(C10): 5925-5938.

[187] RUESSINK B G, WALSTRA D J R, SOUTHGATE H N. Calibration and verification of a parametric wave model on barred beaches[J]. Coastal Engineering, 2003, 48(3): 139-149.

[188] JANSSEN T T, BATTJES J A. A note on wave energy dissipation over steep beaches[J]. Coastal Engineering, 2007, 54(9): 711-716.

[189] ALSINA J M, BALDOCK T E. Improved representation of breaking wave energy dissipation in parametric wave transformation models[J]. Coastal Engineering, 2007, 54(10): 765-769.

[190] PEZERAT M, BERTIN X, MARTINS K, et al. Simulating storm waves in the nearshore area using spectral model: Current issues and a pragmatic solution[J]. Ocean Modelling, 2021, 158: 101737.

[191] VAN DER MEER J W, BRIGANTI R, ZANUTTIGH B, et al. Wave transmission and reflection at low-crested structures: Design formulae, oblique wave attack and spectral change[J]. Coastal Engineering, 2005, 52(10-11): 915-929.

[192] ZHANG C, LI Y, ZHENG J, et al. Parametric modelling of nearshore wave reflection[J]. Coastal Engineering, 2021, 169: 103978.

[193] STIVE M J F, DE VRIEND H J. Shear stresses and mean flow in shoaling and breaking waves[C]//Proceedings of the 24th International Conference on Coastal Engineering. ASCE, 1994.

[194] ISOBE M, HORIKAWA K. Study on water particle velocities of shoaling and breaking waves[J]. Coastal Engineering in Japan, 1982, 25(1): 109-123.

[195] RENIERS A J H M, THORNTON E B, STANTON T P, et al. Vertical flow structure during Sandy Duck: Observations and modeling[J]. Coastal Engineering, 2004, 51(3): 237-260.

[196] RIBBERINK J S. Bed-load transport for steady flows and unsteady oscillatory flows [J]. Coastal Engineering, 1998, 34(1): 59-82.

[197] BAGNOLD R A. An approach to the sediment transport problem from general physics[M]. Washington : USGPO Washington Publisher, 1966.

[198] WENGROVE M E, FOSTER D L, LIPPMANN T C, et al. Observations of bedform migration and bedload sediment transport in combined wave - current flows [J]. Journal of Geophysical Research: Oceans, 2019, 124(7): 4572-4590.

[199] WENGROVE M E. Bedform geometry and bedload sediment flux in coastal wave, current, and combined wave-current flows[D]. Durham: University of New Hampire, 2018.

[200] ROELVINK D, DONGEREN A V, MCCALL R, et al. XBeach technical reference: Kingsday release[R]. The Netherlands: UNESCO-IHE Institute for Water Education & Delft University of Technology, 2015

[201] WARNER J C, SHERWOOD C R, SIGNELL R P, et al. Development of a three-

dimensional, regional, coupled wave, current, and sediment-transport model[J]. Computers & Geosciences, 2008, 34(10): 1284-1306.

[202] BRIGANTI R, TORRES-FREYERMUTH A, BALDOCK T E, et al. Advances in numerical modelling of swash zone dynamics[J]. Coastal Engineering, 2016, 115: 26-41.

[203] KIM D, KIM B, CHOI B. Adaptability of suspended sediment transport model for sandbar migration simulation[J]. Journal of Coastal Research, 2018, 85(10085): 661-665.

[204] OTHMAN I K, BALDOCK T E, CALLAGHAN D P. Measurement and modelling of the influence of grain size and pressure gradient on swash uprush sediment transport[J]. Coastal Engineering, 2014, 83: 1-14.

[205] BAKHTYAR R, BARRY D A, LI L, et al. Modeling sediment transport in the swash zone: A review[J]. Ocean Engineering, 2009, 36(9-10): 767-783.

[206] BAKHTYAR R, BARRY D A, YEGANEH-BAKHTIARY A, et al. Numerical simulation of surf - swash zone motions and turbulent flow[J]. Advances in Water Resources, 2009, 32(2): 250-263.

[207] DOHMEN-JANSSEN C M. Sheet flow dynamics under monochromatic nonbreaking waves[J]. Journal of Geophysical Research, 2002, 107(C10): 13-1-13-21.

[208] DOHMEN-JANSSEN C M, HANES D M. Sheet flow and suspended sediment due to wave groups in a large wave flume[J]. Continental Shelf Research, 2005, 25(3): 333-347.

[209] CHEN D, WANG Y, MELVILLE, B, et al. Unified formula for critical shear stress for erosion of sand, mud, and sand mud mixtures[J]. Journal of Hydraulic Engineering, 2018, 144(8): 04018046.

[210] YUAN J, TAN W. Modeling net sheet-flow sediment transport rate under skewed and asymmetric oscillatory flows over a sloping bed[J]. Coastal Engineering, 2018, 136: 65-80.

[211] CHEN D, MELVILLE B, ZHENG J, et al. Pickup rate of non-cohesive sediments in low-velocity flows[J]. Journal of Hydraulic Research, 2022, 60(1): 125-135.

[212] VAN RIJN L C. Principles of sediment transport in rivers, estuaries and coastal seas, Part 1[M]. Amsterdam: Aqua publications, 1993.

[213] RICHARDSON J F, ZAKI W N. Sedimentation and fluidisation: Part I[J]. Chemical Engineering Research and Design, 1997, 75(suppl): S82-S100.

[214] ZYSERMAN J A, FREDSE J. Data analysis of bed concentration of suspended sediment[J]. Journal of Hydraulic Engineering, 1994, 120(9): 1021-1042.

[215] LARSON M, KRAUS N C. SBEACH: Numerical model for simulating storm-induced beach change[R]. Vicksburg: Coastal Engineering Research Center, 1989.

[216] STOCKDON H F, HOLMAN R A, HOWD P A, et al. Empirical parameterization of setup, swash, and runup[J]. Coastal Engineering, 2006, 53(7): 573-588.

[217] ROELVINK D, COSTAS S. Beach berms as an essential link between subaqueous and subaerial beach/dune profiles[J]. Revista Geotemas, 2017, 17: 79-82.

[218] RAFATI Y, HSU T, ELGAR S, et al. Modeling the hydrodynamics and morphodynamics of sandbar migration events[J]. Coastal Engineering, 2021, 166: 103885.

[219] BIRRIEN F, BALDOCK T E. A coupled hydrodynamic-equilibrium type beach profile evolution model[J]. Journal of Marine Science and Engineering, 2021, 9(4): 353.

[220] ZHANG C, WANG Y, ZHENG J. Numerical study on vertical structures of undertow inside and outside the surf zone[J]. Acta Oceanologica Sinica, 2009, 28(5): 103-111.